KB003641

한번만 읽으면 확 잡히는

고등물리

유화수 지음 **이현지** 그림

머리말

앞으로의 미래는 기술의 발전으로 인해 점점 더 빠르게 발전하고 변화되어 나갈 거예요. 미래를 살아갈 우리는 변화할 미래를 예측하며, 현재는 무엇에 집중하며 시간을 보내야 하는지 고민하게 됩니다. 특히 "과거에 탐구한 과학 내용이 미래를 살아갈 우리에게 필요할까?"라는 의문을 가질 수 있어요.

『한 번만 읽으면 확 잡히는 고등 물리』는 현재의 과학 기술에 사용되는 역학과 에너지, 물질과 전자기장, 파동과 정보 통신을 다룹니다. 사회에 나가면 쓸모없는 주제라고 생각할 수도 있어요. 하지만 기본적인 과학이 어떻게 발전했고 지금 어느 분야에 사용되고 있는지 이해한다면 앞으로 만들어 가야 할 미래에 큰 역할을 할 수 있어요.

첫 번째 파트인 '역학과 에너지'는 시간과 공간에 대한 단원으로, 현재의 상태에 대해 표현하는 것을 목적으로 구성되어 있어요. 다만

복잡하고 많은 것들로 이루어진 상태를 단순하고 기본적인 것으로 표현하는 방식이 낯설고 어렵게 느껴질 수 있습니다. 하지만 주어진 상황을 이해하고 하나씩 받아들인다면 시공간에 대해 알아가는 데 큰 도움이 될 겁니다.

두 번째 '물질과 전자기장'은 주변에서 많이 사용하는 전기와 자기에 대해 아는 것을 목적으로 구성되어 있어요. 전기의 기본적인 내용부터 시작해서 전자 제품은 물론이고 조명에도 사용되고 있는 반도체에 관한 내용까지 포함하고 있어요. 자기 분야에서 전기와의 관계에 대해 이해하고 최근 몇 년새 많은 관심을 받고 있는 무선 충전의 원리에 대해 이해하는 데 큰 도움이 될 것입니다.

마지막으로 '파동과 정보 통신'은 21세기를 살아가는 우리에게 반드시 필요한 기술입니다. 만약 현재의 통신 기술이 없어진다면 우리는 어떤 세상에서 살게 될까요? 파동의 기본적인 성질을 이해하고 파동과 물질의 이중성에 대해 알아보며, 미래에는 어떤 방식으로 활용할 수 있을지 상상해 봅시다.

『한 번만 읽으면 확 잡히는 고등 물리』는 전체적인 내용을 한 번에 읽으면서 쉽게 이해하고, 나아가 고등학교 물리를 처음 접하거나 어려워하는 여러분들에게 도움이 되는 책이기를 희망합니다.

유화수

차 례

Part 1. 역학과 에너지 운동을 잘하기 위해 필요한 원리는 무얼까?

Part 2. 물질과 전자기장 발전을 하기 위해 필요한 원리는 무얼까?

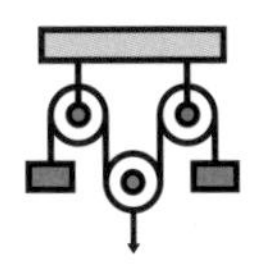

힘과 운동

물리학에서 가장 유명한 과학자는 누구일까요? 아마도 많은 학생이 뉴턴 또는 아인슈타인이라고 대답할 겁니다. 뉴턴의 운동 법칙은 고전 역학에서 큰 비중을 차지하고 있으며, 고등학교를 졸업한 사람이라면 물리를 싫어해도 기억하는 유명한 법칙 'F=ma'가 있어요. 아인슈타인은 유치원생도 알고 있는 이름이고 상대성 이론 또한 너무나 유명하죠.

어느 날 갑자기 여러분에게 귀여운 초등학생 동생이 다음과 같은 질문을 한다면 어떨까요? "뉴턴의 운동 법칙이 뭐야?" "아인슈타인의 상대성 이론은 뭐야?"

여러분이 동생에게 간단하게나마 뉴턴의 운동 법칙과 아인슈타인의 상대성 이론을 설명할 수 있는 형, 오빠, 언니, 누나가 되고 싶다면 이번 단원에 흥미를 가지고 읽어 보기로 해요.

1

물체의 다양한 운동을 알아봐요

"가장 좋아하는 '운동'은 무엇인가요?"

이런 질문을 받는다면 각자의 머릿속에는 달리기, 축구, 야구, 수영 등의 단어들이 떠오를 거예요. 물리학에서는 운동을 'motion'이라 쓰고, 물체가 상대적으로 경로를 변경하는 것을 말해요.

물체의 상대적인 움직임을 나타내기 위해서는 시간과 길이에 대한 정보가 필요합니다. 하지만 200년 전에는 시간과 길이에 대한 표준을 정하지 않았기 때문에 길이를 측정하는 방식과 시간을 측정하는 방식이 나라마다 달랐어요. 과학 기술이 발전하면서 나라 간 무역이 활발해지다 보니 서로 다른 측정 방식이 문제가 되었죠. 그래서 시간과 길이의 표준을 결정할 필요가 생겼고, 결국 현재와 같이 사용하게 되었어요.

물체의 움직임을 변화시키는 원인은 무엇일까요? 물체의 움직임이 변하면 에너지의 변화는 어떻게 될까요? 물체의 움직임을 설명하기 위해 물리학의 두 거장인 뉴턴과 아인슈타인이 다양한 운동을 하며 대결한다면 재미있겠죠. 지금부터 두 과학자를 대신해 물리학을 사랑하고 뉴턴을 좋아하는 동이와, 아인슈타인을 존경하는 대성이의 대결이 시작됩니다.

동이와 대성이가 대결을 펼치는 곳은 바로 학교 운동장이에요. 대결에 앞서 동이와 대성이가 몸풀기로 이어달리기를 합니다. A에서 B구간의 100m는 동이가 달리고, B에서 C구간의 100m는 대성이가 달리기로 했어요.

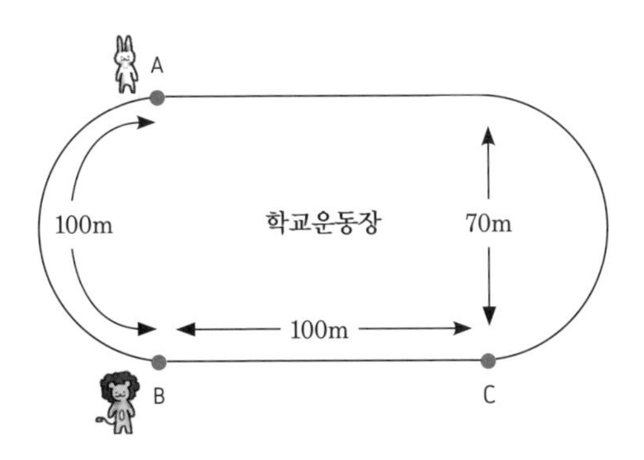

100m를 달린 동이와 대성이는 동일한 거리를 달린 게 맞나요? 물체가 이동한 경로의 길이를 나타내는 이동 거리는 100m로 같아요. 하지만 처음 위치에서 나중 위치까지의 직선 거리와 방향을 나타내는 변위는 어떨까요? 동이가 아래 방향으로 70m이고, 대성이는 오른쪽 방향으로 100m입니다. 즉, 이동 거리는 같은데 변위가 다르네요.

지금부터 동이와 대성이의 역사적인 대결이 시작됩니다. 첫 번째 경기는 누가 더 빠른지 알기 위한 경기예요. 앞에서 봤던 운동장의 B~C 구간 100m 달리기 대결입니다. 출발을 알리는 총소리와 함께 동이와 대성이는 발바닥이 땅과 충돌하는 격렬한 운동을 시작해요.

물리학을 사랑하는 팬들의 응원에 힘입어 10초가 지난 후 동이와 대성이 모두 동시에 결승선을 통과해요. 역시 용호상박의 실력을 가진 두 사람의 경기 결과답네요. 그런데 출발 총소리가 울리고 두 사람이 동시에 출발하긴 했지만, 어깨를 나란히 달리지는 않았어요. 100m를 가는 동안 둘의 빠르기가 다른데 어떻게 동시에 도착할 수 있었을까요?

동이와 대성이가 달리는 동안의 이동 거리(s)와 걸린 시간(t)에 대한 정보는 다음 그래프와 같습니다.

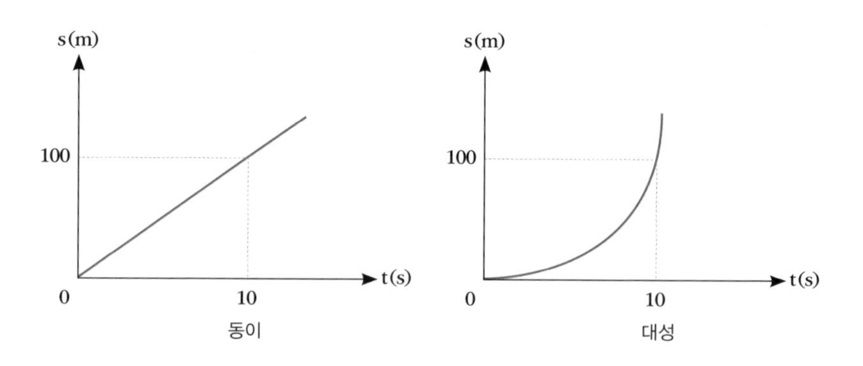

두 그래프 모두 10초일 때 100m 지점을 통과하지만, 그래프 모양이 다른 것을 알 수 있어요. 동이의 그래프는 0~10초까지 직선이고, 대성이의 그래프는 0~10초까지 곡선입니다. 그렇다면 동이와 대성이 중 누가 더 빠를까요?

빠르기를 나타내는 속력은 단위 시간 동안의 이동 거리로 정의해요. 그래서 평균 속력은 이동 거리를 걸린 시간으로 나누어서 구할 수 있어요. 빠르기에 운동 방향을 함께 나타내는 물리량은 속도입니다. 속도는 단위 시간 동안의 변위로 정의하고, 변위를 걸린 시간으로 나누어서 구해요. 그리고 속도의 방향은 변위의 방향과 같습니다.

$$\text{평균 속도} = \frac{\text{변위}}{\text{걸린시간}}$$

그럼 먼저 동이의 운동 속도에 대해 알아볼게요. 0~1초가 되는 시간 동안 10m 이동했으므로 평균 속도는 10m/s가 돼요. 그다음 1~2초가 되는 동안에도 10m만큼 이동했으므로 평균 속도는 동일하게 10m/s입니다.

이처럼 시간이 흘러도 속도가 일정한 운동 상태를 등속 직선 운동이라고 해요. 변위-시간 그래프에서 기울기는 속도가 되고, 속도-시간 그래프에서 면적은 변위가 되는 걸 알 수 있어요.

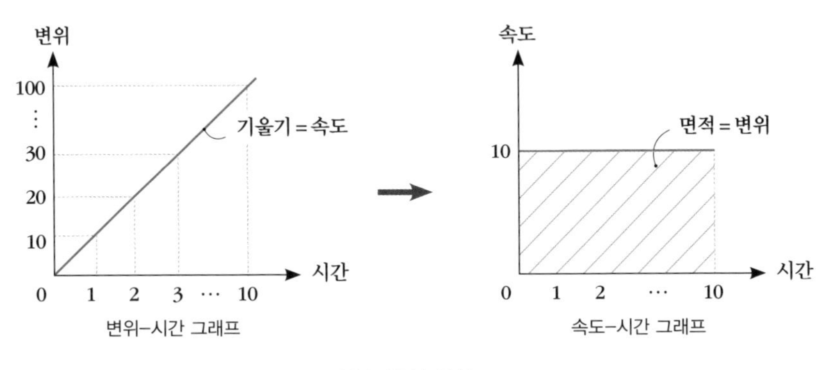

등속 직선 운동

다음으로 대성이의 운동 속도에 대해 알아볼게요. 0~1초 동안 1m를 이동해서 평균 속도는 1m/s이 됩니다. 0~2초 동안에는 4m를 이동해서 평균 속도는 2m/s네요. 그리고 0~3초 동안에는 9m를 이동하므로 평균 속도는 3m/s입니다. 일정한 시간 간격 동안 속도가 일정하게 증가하고 있죠.

이렇게 운동할 때를 등가속도 운동이라 하고, 속도-시간 그래프에서 기울기는 가속도를 나타냅니다.

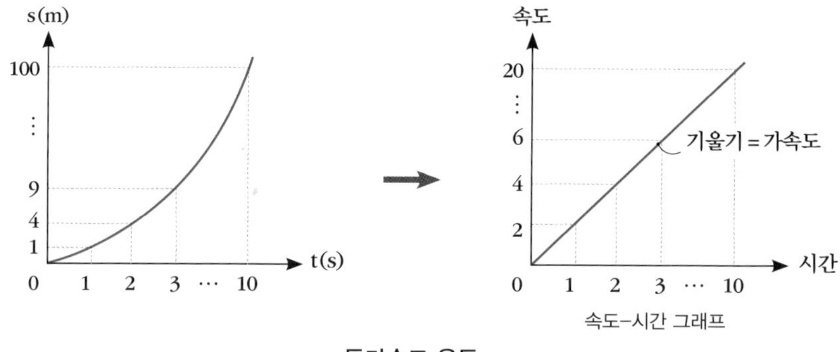

등가속도 운동

운동에는 속력이나 운동 방향이 변하는 경우가 있는데, 이것을 가속도 운동이라고 합니다. 가속도는 단위 시간 동안의 속도 변화량으로 정의하고, 속도 변화량을 걸린 시간으로 나누어 구할 수 있어요.

가속도의 방향은 속도 변화량의 방향과 같고, 속도 변화량은 나중 속도에서 처음 속도를 빼서 구해요.

$$\text{가속도} = \frac{\text{속도 변화량}}{\text{걸린시간}}$$

첫 번째 대결에서 나온 운동 상태를 표현하는 그래프인 속도-시간 그래프를 일반적으로 표현하면 다음과 같아요.

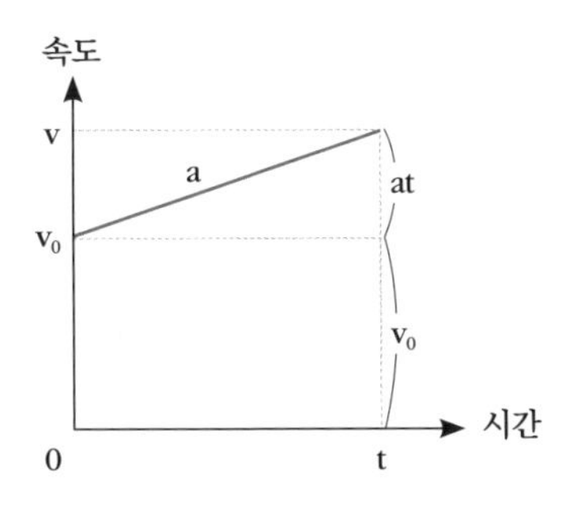

속도-시간 그래프

t초 후의 속도의 크기를 v라고 할 때, 크기는 그래프와 같이 $v = v_0 + at$ …… ①로 나타낼 수 있어요. t초 후의 변위의 크기 s는 사각형의 면적 v_0t와 삼각형의 면적 $\frac{1}{2}at^2$을 더한 것과 같아요. 따라서 $s = v_0t + \frac{1}{2}at^2$ …… ②입니다. ①식과 ②식에서 t를 소거하면서 연립하면 $2as = v^2 - {v_0}^2$ …… ③과 같은 식을 얻을 수 있어요.

식 ①, ②, ③은 앞으로 운동을 설명할 때 많이 사용하는 식이니까 잘 기억해 두세요.

2

운동을 예측할 수 있을까?
뉴턴 운동 제1, 2법칙

두 번째 경기는 동이와 대성이가 같은 높이에서 뛰어내려 땅에 발이 먼저 닿는 사람이 승리하는 대결입니다. 규칙은 다음과 같아요. 5m 높이에서 아래로 점프를 하는 게 아니라, 두 사람이 올라선 발판이 동시에 제거되면서 아래로 떨어지는 경기예요.

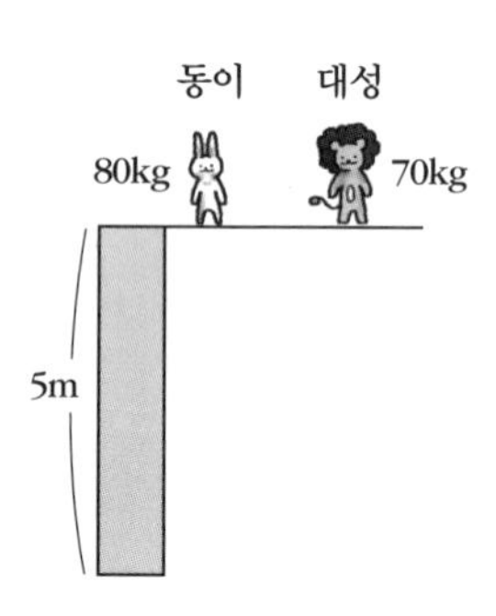

동이는 질량이 80kg이고, 대성이는 70kg이에요. 하나, 둘, 셋 구호와 함께 발판이 사라지고, 두 사람이 5m 아래로 떨어지고 있어요.

누구의 발이 먼저 땅에 닿았을까요?

이 시합이 진행될 때 여러 가지 변수를 없애기 위해서 공기 저항은 없는 걸로 간주해요. 그리고 동이와 대성이가 높은 곳에서 뛰어내리는 경기의 안전을 고려해, 힘센 안전맨이 바닥에서 기다리고 있다가 바닥과 충돌하기 전에 받아 줄 겁니다. 안전맨1은 동이를 받고, 안전맨2는 대성이를 받아요.

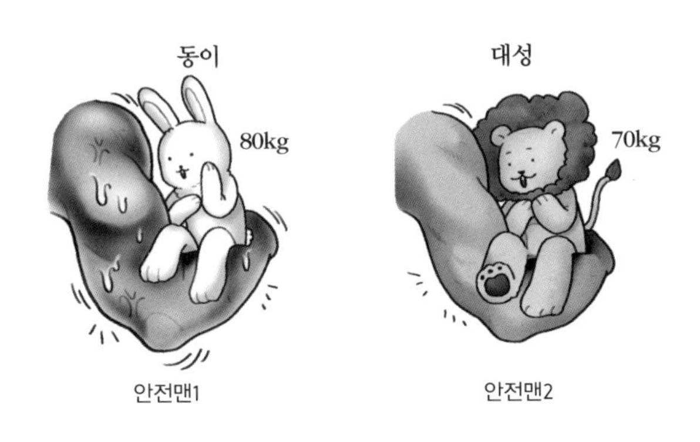

경기 결과를 알아보기 전에, 동이와 대성이 중 누가 더 멈추기 어려웠을지 생각해 볼까요? 또한, 동이와 대성이를 받는 안전맨1과 안전맨2 중 누가 더 힘들었을까요? 먼저, 두 번째 질문의 정답은 안전맨1이에요. 동이를 받는 데 더 많은 힘이 들어갑니다. 그 이유는 바로 동이의 질량이 대성이의 질량보다 10kg 더 크기 때문이에요.

뉴턴 운동 제1법칙 - 관성의 법칙

외부의 힘이 작용하지 않을 때 운동 상태를 유지하려는

성질을 관성이라 하고, 질량이 클수록 관성이 크다.

그럼 이제 첫 번째 질문의 정답을 알 수 있겠죠? 동이의 관성이 대성이의 관성보다 크기 때문에 운동 상태를 유지하려는 성질이 커서 멈추기 더 힘들어요.

우리는 주변에서 관성의 법칙으로 설명할 수 있는 현상들을 많이 볼 수 있습니다. 버스가 정지하면서 앞쪽으로 몸이 쏠릴 때, 다시 버스가 출발하면서 뒤쪽으로 몸이 쏠릴 때, 옷에 묻은 먼지나 손에 묻은 물을 털어낼 때, 신고 있는 슬리퍼를 멀리 던질 때 등입니다.

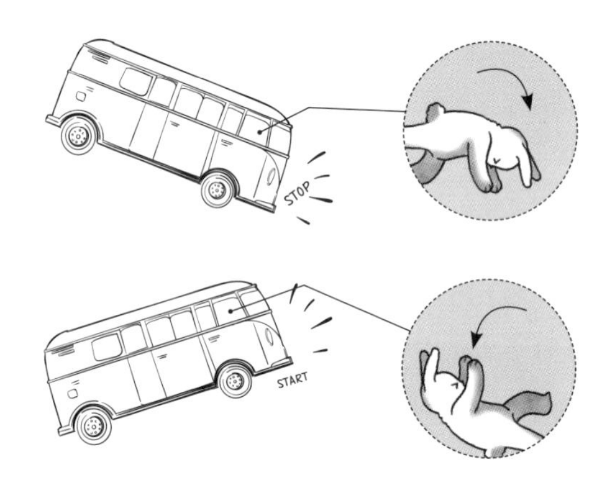

동이와 대성이의 자유낙하운동 대결 결과는 어떻게 되었을까요? 결과는 한 치의 오차도 없이 두 사람이 동시에 땅에 닿았어요. 어떻게 이런 결과가 나왔을까요?

그건 바로 두 사람의 가속도가 중력 가속도로 같기 때문이에요. 지표면 근처에서는 모든 물체에 작용하는 중력 가속도가 약 $10m/s^2$으로 일정합니다.

5m 아래로 떨어지는 동안의 속도-시간 그래프를 그려보면 다음과 같아요.

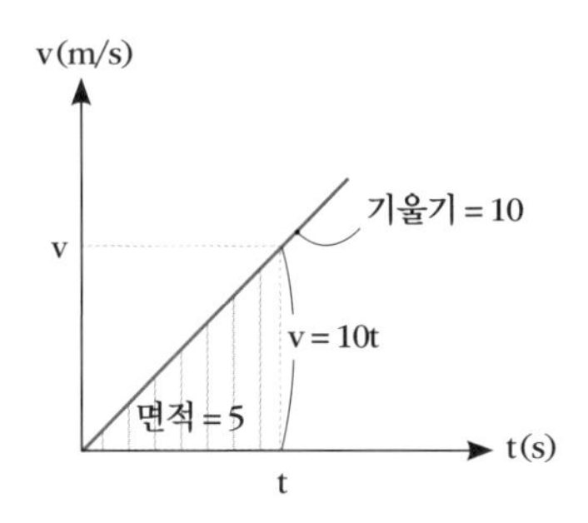

이 속도-시간 그래프에서 알 수 있는 것은 기울기가 10, 면적이 5라는 것입니다. 기울기는 $10 = \frac{v}{t}$이므로 $v = 10t$가 되고, 삼각형의 면적을 구하면 $\frac{1}{2} \times t \times 10t = 5t^2$으로 면적 5가 됩니다. $5t^2 = 5$이므로 $t = 1$초가 되네요. 그래서 동이와 대성이 둘 다 1초 후에 바닥에 발이 닿는 거예요.

그렇다면 낙하 운동을 하는 동안 동이와 대성이에게 작용하는 힘은 같을까요? 힘은 뉴턴 운동 제2법칙인 '가속도는 질량에 반비례하고 알짜힘에 비례한다'는 가속도의 법칙으로 알 수 있어요.

뉴턴 운동 제2법칙 - 가속도의 법칙

$$F = ma$$

중력 가속도에 의한 힘은 중력으로 표현해요. 그럼 동이가 받은 중력을 계산해 볼게요. 중력 = 질량 × 중력가속도 = 80kg × $10m/s^2$ = $800kg \cdot m/s^2$이에요. 다음으로 대성이가 받은 중력은, 70kg × $10m/s^2$ = $700kg \cdot m/s^2$입니다.

중력과 같은 힘의 단위는 간단하게 N(뉴턴)으로 쓸 수 있어요. 따라서 질량이 큰 동이의 중력이 대성이의 중력보다 100N 더 크네요.

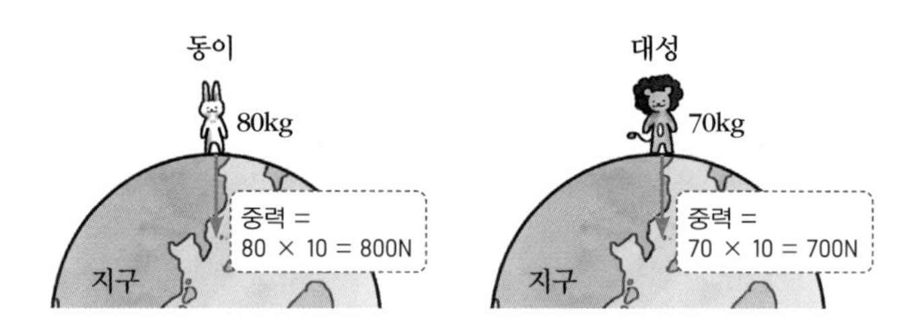

두 사람이 받은 중력의 크기는 달라요. 하지만 가속도가 같아서 같은 높이에서 자유 낙하하면 지면에 도달하는 데 걸리는 시간은 같습니다.

3

힘은 주고받는 거야!
뉴턴 운동 제3법칙

세 번째 경기는 신발 멀리 던지기 대결입니다. 마찰이 없는 얼음판 위에서 질량이 같은 신발을 동시에 같은 방향으로 던지는 대결이에요.

시작과 동시에 두 사람은 같은 각도로 신발을 던졌고, 발에서 신발이 벗겨지는 시간도 동일하게 걸렸어요. 그런데 신발이 너무 멀리 날아가고 있어서 아직 누가 승리할지는 알 수가 없네요. 신발이 발을 떠남과 동시에 두 사람은 신발과는 반대 방향으로 각각 다른 속도로 운동하고 있습니다.

동이와 대성이는 왜 신발과 반대로 움직이는 걸까요? 이 현상을 설명하기 위해 필요한 것이 바로 뉴턴의 운동 제3법칙인 작용-반작용의 법칙입니다.

뉴턴 운동 제3법칙 - 작용 · 반작용의 법칙

A가 B를 미는 힘(작용) F_{BA}가 있으면 반드시 힘의 크기가 같고, 방향이 반대인 B가 A를 미는 힘(반작용) F_{AB}가 있다.

$$F_{BA} = -F_{AB}$$

힘은 동시에 주고받는 것만 가능하고, 주기만 하거나 받기만 하는 것은 불가능해요. 이것을 힘의 상호작용이라고 합니다. 즉, 발이 신발을 미는 힘(작용)이 있으면 힘의 크기가 같고 방향이 반대인 신발이 발을 미는 힘(반작용)이 존재해요. 여기에서 중요한 점은 작용과 반작용은 절대로 하나의 물체에 동시에 작용할 수 없다는 것입니다. 작용이 신발에 작용하는 힘이라면 반작용은 발에 작용하는 힘이죠. 힘의 평형과 헷갈리지 않도록 개념을 정확하게 가지고 있어야 합니다.

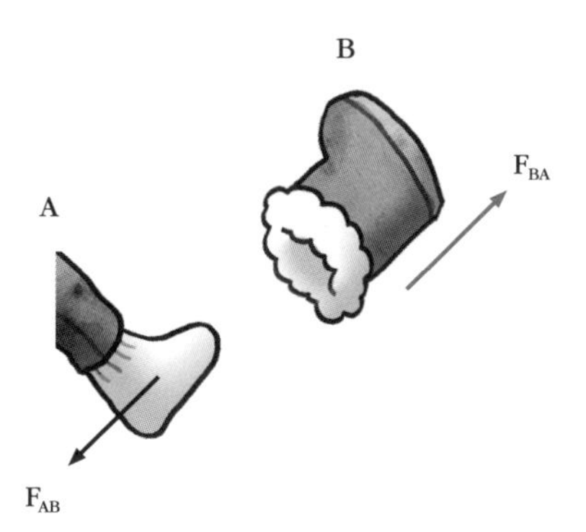
B
A
F_{BA}
F_{AB}

4

충돌할 때 운동량은 어떻게 될까?

신발 멀리 던지기 대결의 결과가 나왔어요. 이번에도 역시나 막상막하로 두 신발이 같은 지점에 떨어졌네요.

신발의 이동 경로가 같다면 발을 떠나는 순간부터 두 신발의 속도는 같습니다. 또한 신발은 동이와 대성이로부터 같은 크기의 힘을 받았어요. 신발이 받은 힘의 크기가 같으므로 작용-반작용 법칙에 의해 두 사람이 받은 힘의 크기도 같습니다.

그런데 신발과는 다르게 왜 두 사람의 빠르기는 다를까요? 어떻게 대성이가 동이보다 더 빠른 거죠?

그 이유는 바로 두 사람의 질량이 다르기 때문입니다. 힘의 크기는 같고 질량이 다르므로, 뉴턴의 운동 제2법칙인 가속도 법칙에 의해 가속도가 달라지네요. 즉, 질량이 큰 동이의 가속도가 질량이 작은 대성이보다 더 작아요. 따라서 속도-시간 그래프를 그려보면 대성이의 기울기가 더 크게 그려집니다. 그리고 가속도는 힘이 작용할 때, 발에서 신발이 떠나는 순간까지만 존재합니다. 발에서 신발이 떠나는 순간부터는 지면과 수평한 방향으로 일정한 속도를 가지고 움직여요.

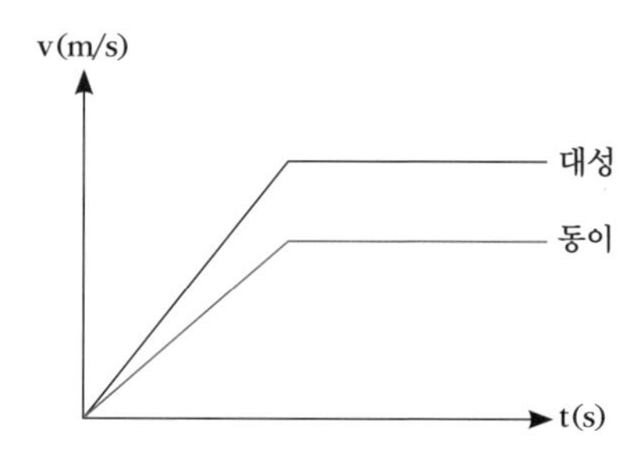

여기서 대성이가 더 빠르다는 것을 설명할 때 사용할 수 있는 다른 방법이 있어요. 바로 운동량 보존 법칙입니다. 외부에서 작용하는 힘이 없을 때 충돌하기 전의 운동량은 충돌하고 난 후의 운동량과 같아요.

그렇다면 먼저, 운동량이라고 하는 게 무엇인지부터 살펴봐야겠네요. 운동량이란 말 그대로 운동하는 정도를 나타내는 값으로 질량이 클수록, 속력이 빠를수록 커집니다.

운동량

운동량 = 질량 × 속도, $p = mv$

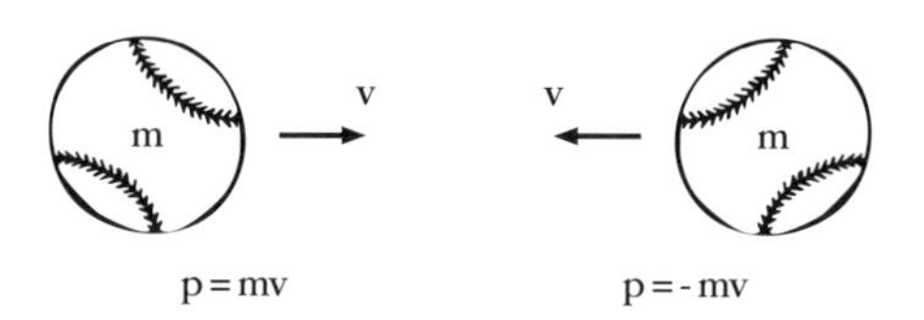

동이가 신발을 던지기 전과 후로 나누어서 운동량을 생각해 봐요. 던지기 전에는 신발, 동이 모두 질량이 있어요. 그러나 정지해 있어서 속도가 0이므로 운동량의 총합은 0이랍니다.

신발이 발에서 떨어지는 순간부터는 속도가 있어서 운동량도 있어요. 작용-반작용의 법칙에 의해 동이도 힘을 받아서 반대 방향으로 속도가 생기니까 운동량이 있어요. 동이의 질량이 80kg이고 신발의 질량이 1kg이라고 한다면, 신발의 가속도가 동이의 가속도보다 80배가 더 커요. 그래서 신발의 속도가 80m/s라면, 동이의 속도는 1m/s입니다.

동이와 신발은 80kg · m/s로 운동량의 크기는 같고 방향은 반대네요. 따라서 신발이 발에서 떠난 직후에도 동이와 신발의 운동량을 더한 값은 0이에요.

운동량 보존 법칙

충돌 전 두 물체의 운동량의 합

= 충돌 후 두 물체의 운동량의 합

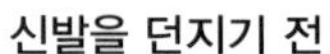
신발을 던지기 전

신발을 던진 후

그렇다면 대성이의 속도는 얼마일까요? 대성이 신발의 운동량이 80kg · m/s이므로 신발을 던진 후 대성이의 운동량도 80kg · m/s로 같아야 합니다. 계산해 보면 대성이의 운동량 80 = 70 × v이므로 속도의 크기는 $\frac{8}{7}$ m/s가 되고, 동이보다 빠르다는 사실을 알 수 있어요.

신발을 던지기 전

신발을 던진 후

5

안전한 충돌을 위하여 알아야 할 것

네 번째 경기는 10m 높이에서 떨어뜨린 달걀이 깨지지 않도록 만드는 대결입니다. 우선 두 사람에게 크기와 질량이 같은 달걀을 하나씩 줘요. 각자 선택한 재료를 이용해서 깨지지 않도록 감쌀 수 있어요. 단 선택한 재료의 질량은 반드시 1kg이어야 한다는 경기 규칙이 있어요.

동이는 깨지지 않는 단단한 철판을 선택했고, 대성이는 푹신푹신한 스펀지를 선택했어요. 과연 누가 떨어뜨린 달걀이 10m 높이에서 떨어지고도 깨지지 않고 안전할까요? 결과는 바로 대성이의 승리!! 결과를 너무 쉽게 예상했나요~ 그렇다면 왜 이런 결과가 나왔는지 알아봅시다.

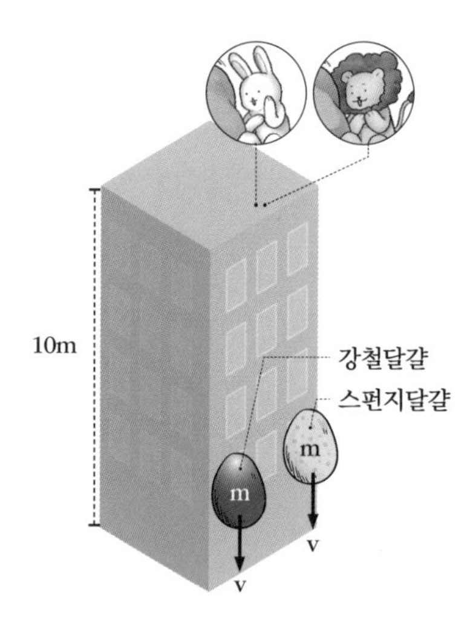

앞의 내용을 복습해 보면 같은 높이에서 동시에 떨어진 두 달걀은 가속도가 같으므로 바닥과 충돌하기 직전의 속도도 같아요. 두 달걀의 질량이 같으므로 운동량도 같고 중력도 같습니다. 그렇다면 도대체 무슨 차이가 서로 다른 결과를 만든 걸까요?

이 결과를 설명하기 위해서는 충격량(I)에 대해 알아야 해요. 충격량은 어감에서 느껴지는 것처럼, 충돌이 일어날 때 물체가 충격받을 수 있는 정도를 나타내는 물리량입니다.

충격량

충격량 = 힘 × 힘이 작용한 시간

$$I = F \Delta t$$

우리는 이것을 운동량의 변화량으로도 표현할 수 있어요. 운동량의 변화량은 나중 운동량에서 처음 운동량을 뺀 값으로 다음과 같이 쓸 수 있어요.

$$\Delta p = m(v_2 - v_1)$$

여기에 가속도의 법칙을 정리해 보면 $F = ma = \frac{m(v_2 - v_1)}{t_2 - t_1}$ 이므로 $F\Delta t = m\Delta v$가 됩니다.

충격량과 운동량 관계

$$I = F\Delta t = m\Delta v = \Delta p$$

충격량은 충격력이라는 힘과 충돌 시간의 곱으로 나타내고, 운동량의 변화량과도 같아요. 그리고 이번 대결의 결과에서 알 수 있는 건, 충격량이 같더라도 충돌 시간이 다르면 충격력도 다를 수 있다는 사실이에요.

달걀이 깨질 때 중요한 물리량은 바로 충격력이에요. 큰 충격력을 받으면 깨지기도 쉬워집니다. 동이가 만든 단단한 철판으로 감싼 달걀은 외부 스크래치에는 강하고, 높은 곳에서 떨어져 바닥과 충돌할 때 충격량은 같겠지만, 충돌 시간이 짧아서 큰 충격력을 받아요.

이에 비해 대성이가 만든 스펀지로 감싼 달걀은 충돌 시간이 길어져 작은 충격력을 받게 되죠. 그래서 깨지지 않고 떨어져요. 주변에서 충격을 흡수하기 위해 만든 제품이나 상황을 잘 생각해 보면 쉽게 이해할 수 있어요.

Point
잡기

• 여러 가지 운동

물체의 속력과 운동 방향이 모두 일정한 운동을 등속도 운동, 물체가 방향과 크기가 일정한 힘을 받아 시간에 따른 속도 변화율이 일정하게 운동하는 것을 등가속도 운동이라고 해요. 속도-시간 그래프에서 기울기가 일정한 직선으로 그려지는 운동이 등가속도 직선 운동이므로, 기울기는 가속도가 되고 아래 면적은 변위로 계산할 수 있어요.

• 뉴턴 운동 제1, 2법칙

물체에 작용하는 알짜힘이 0이면 정지해 있는 물체는 계속 정지해 있고, 운동하는 물체는 등속 직선 운동을 한다는 것이 뉴턴 운동 제1법칙이에요. 가속도는 물체에 작용하는 알짜힘에 비례하고 질량에는 반비례한다는 것이 뉴턴 운동 제2법칙이에요.

- **뉴턴 운동 제3법칙**

  힘은 항상 작용과 반작용이라는 쌍으로 작용해요. 작용과 반작용은 동시에 일어나고, 크기가 같으며, 방향이 반대이고, 각각의 물체에 작용점이 있어요.

- **운동량 보존**

  운동량은 물체의 질량과 속도를 곱한 값으로, 크기가 같더라도 방향이 다르면 운동량이 달라요. 두 물체가 충돌할 때 외력이 작용하지 않는 경우 충돌 전과 충돌 후의 운동량의 합은 항상 같아요.

- **운동량과 충격량**

  충격량은 물체가 받은 충격의 정도를 나타내는 양으로 힘과 힘이 작용한 시간의 곱으로 충격량의 방향은 힘의 방향과 같아요. 충격량은 운동량의 변화량과 같아요.

에너지와 열

영웅들이 나오는 만화나 영화를 본 적이 있나요? 다양한 에너지를 가지고 있는 영웅들이 또 다른 에너지를 가진 악당들과 싸워 이기는 모습에서 짜릿함과 쾌감을 느낄 수 있었을 거예요. 그런데 그 영웅들이 가진 엄청난 능력을, 나도 한번쯤 가지고 싶다는 생각을 해 본 적은 없나요?
에너지는 각 나라 문화별로 다양한 형태로 사용된 개념이에요. 동양에서는 기(氣)의 개념으로 주로 사용되어 '청소년들이여 가슴을 펴고 기를 펴고 살아라!'라는 말도 있어요. 그리고 기쁨과 행복이 많은 학교를 표현할 때도 '활기찬 우리 학교'와 같은 표현을 사용하죠.
예전부터 존재했던 에너지가 물리학에서 정의되고 유용하게 사용되기 시작한 것은 약 19세기 중반 정도부터라고 볼 수 있어요. 모든 종류의 에너지 총합은 변하지 않는다는 에너지 보존 법칙이 확립되면서부터 시작된 거죠.
역학에서 일을 정의할 때 힘과 힘의 방향으로 움직인 거리와 관계있다는 것과 같이, 정량적으로 정의한 법칙이 만들어져요. 에너지의 종류는 운동 에너지, 퍼텐셜 에너지, 열 에너지 등으로 분류할 수 있고, 나중에 빛 에너지와 질량 에너지 등이 추가됩니다.

1

역학적 에너지는 어떤 환경에서 보존될까?

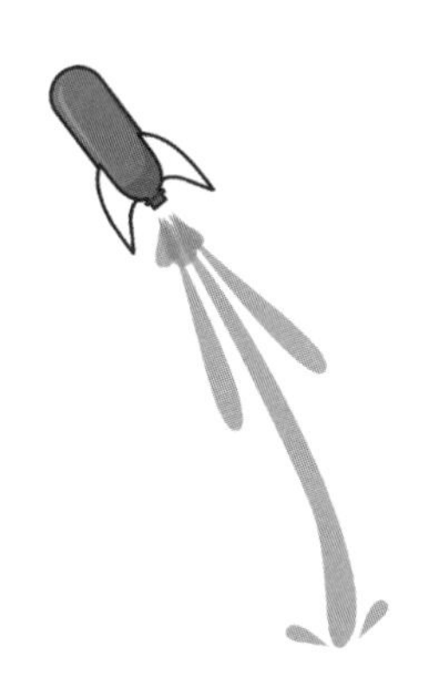

다섯 번째 경기는 직접 설계하고 제작한 물 로켓을 더 높이 쏘아 올리는 대결입니다. 규칙은 물 로켓의 질량이 2kg으로 같아야 하고, 지면에서 수직 방향으로 발사해야 한다는 거예요. 물 로켓이 올라가는 동안에 공기의 저항은 무시하기로 하고, 중력 가속도의 크기는 $10m/s^2$이라고 할게요.

시작을 알리는 총소리와 함께 두 물 로켓이 동시에 발사됩니다. 물 로켓에 대한 속도-시간 그래프를 그려보니 다음과 같아요.

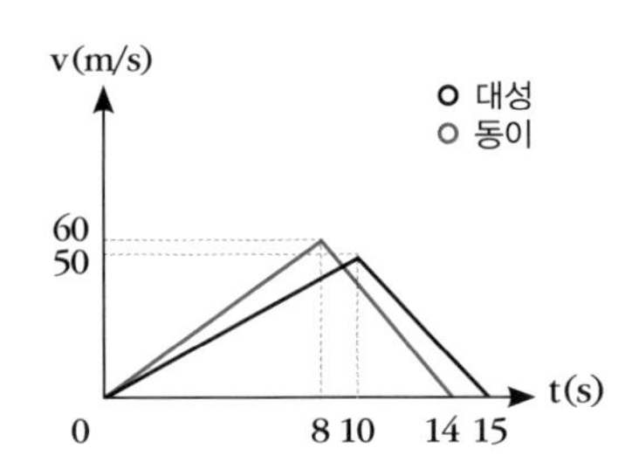

정지 상태에 있던 물 로켓에서 물이 발사되기 시작하면 속도가 일정하게 증가합니다. 하지만 동이의 물 로켓은 8초 후부터, 대성이의 물 로켓은 10초 후부터 속도가 감소하기 시작하다가 나중에는 0이 되었어요. 과연 누구의 물 로켓이 더 높이 올라갔을까요?

여기서 간단한 OX 퀴즈를 하나 낼게요. 잘 풀어 보세요.

Q. 동이의 물 로켓이 가장 높이 올라갔을 때는 8초이다.

O 또는 X. 여러분의 선택은 무엇인가요? 정답은 바로 'X'입니다.

물 로켓이 가장 높이 올라갈 때는 정지할 때, 즉 속도가 0이 될 때죠. 그래서 동이의 물 로켓이 가장 높이 올라갔을 때는 14초이고, 대성이의 물 로켓이 가장 높이 올라갔을 때는 15초네요. 속도-시간 그래프에서 속도가 0이 될 때까지 삼각형의 면적을 구하면 올라간 높이를 알 수 있어요.

$$h_{동이} = \frac{1}{2} \times 14 \times 60 = 420m$$
$$h_{대성} = \frac{1}{2} \times 15 \times 50 = 375m$$

동이의 물 로켓이 대성이의 물 로켓보다 45m 더 높이 올라갔네요. 물 로켓이 지면의 반대 방향으로 운동하기 위해서는 알짜힘이 중력과 반대 방향으로 존재해야 합니다. 동이의 물 로켓은 8초 동안, 대성이의 물 로켓은 10초 동안 위쪽으로 물이 미는 힘을 받았어요.

그럼 이번에는 10초 동안 대성이의 물 로켓에 위쪽으로 추진력이 얼마나 작용했는지 알아볼게요. 속도-시간 그래프에서 10초까지의 가속도는 기울기니까 $a_{대성} = \frac{50}{10} = 5m/s^2$이 되네요. 질량에 가속도를 곱한 알짜힘은 $2 \times 5 = 10N$이 됩니다. 물 로켓의 질량이 2kg이므로, 작용하는 중력 $= mg = 2 \times 10 = 20N$이 되네요.

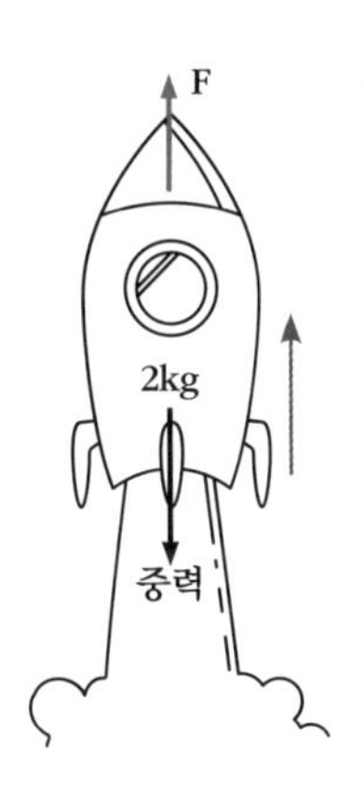

뉴턴의 운동 제2법칙($F = ma$)을 이용하면 $10N = F + (-20N)$이므로 물 로켓에 작용하는 추진력 F는 30N입니다. 이때 추진력은 물 로켓이 물을 아래 방향으로 밀어내는 힘에 대한 반작용으로, 물이 물로켓을 위쪽으로 밀어내는 힘이에요.

물 로켓을 위쪽으로 움직일 때 일을 했고, 이때는 물이 물 로켓을 밀어내는 추진력이 되어 일한 거예요. 일정한 크기의 힘에 의해 물체가 힘과 같은 방향으로 이동했을 때, 물체에 작용한 일의 양(W)은 이동 거리(s)에 힘(F)을 곱한 것과 같아요. 따라서 일에 대한 일반적인 식은 다음과 같아요.

일에 대한 식

$$W = Fs\cos\theta$$

(단위 : N · m, J(줄), θ는 F와 s 사이의 각)

대성이의 물 로켓에서 물에 의한 추진력이 한 일은 30N의 힘을 받는 동안 250m를 이동한 거예요. 이때 힘과 이동 거리 사이의 각도는 0도이므로, 계산해 보면 $W_{물} = Fs\cos\theta = 30 \times 250 \times 1 = 7500J$의 일을 했네요.

추진력이 작용하는 동안에 중력이 하는 일은 없을까요? 중력이 20N, 이동 거리가 250m, 힘과 거리 사이의 각도가 180도이므로, 중력이 한 일 $W_{중} = Fs\cos\theta = 20 \times 250 \times (-1) = -5000J$이 됩니다.

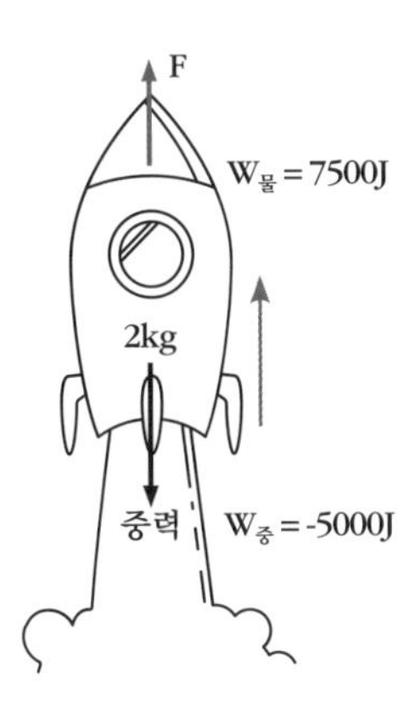

물 로켓이 발사될 때 추진력-거리 그래프와 중력-거리 그래프를 그려 볼게요. 힘의 크기가 일정할 때 그래프가 거리 축과 이루는 사각형 면적은 Fs이므로, 힘이 물체에 한 일과 같아요.

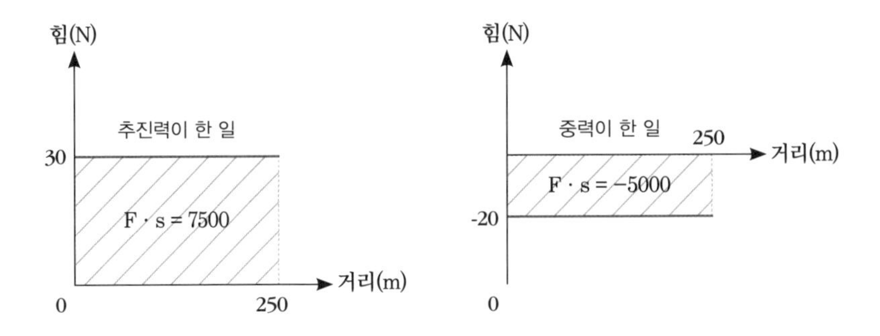

물체의 일에 대해 알아보기 위해 추가 실험을 해 볼게요.

마찰이 없는 수평면에 질량 m인 물체가 정지해 있어요. 이 물체에 동이가 F의 일정한 힘을 작용시키면 t초 후에 속도 v가 됩니다. 속도 v가 될 때까지 동이가 한 일의 양은 얼마인가요?

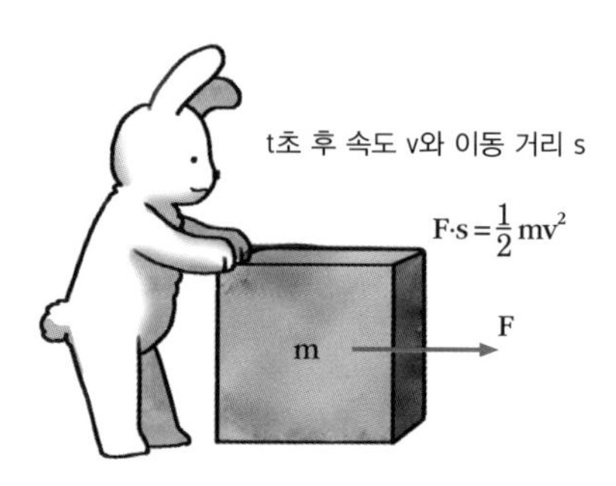

$W = Fs\cos\theta$이므로 작용한 힘은 F이고, 이동한 거리는 $\frac{1}{2}vt$가 됩니다. 즉, $W = \frac{1}{2}Ftv$와 같이 쓸 수 있고, 여기서 Ft는 앞에서 배워서 알고 있는 것과 같이 충격량이에요.

충격량이 무엇과 같은지 기억해 보면 운동량의 변화량과 같다는 걸 떠올릴 수 있어요. 식을 정리하면 $W = \frac{1}{2} \times \Delta p \times v = \frac{1}{2}mv^2$과 같이 쓸 수 있어요.

이 식을 질량이 m인 물체가 속도 v로 움직일 때의 운동 에너지라고 합니다. 이 식을 통해, 마찰이 없는 수평면에서 동이가 한 일 만큼 운동 에너지가 증가한다는 걸 알 수 있어요.

운동 에너지

$$E_K = \frac{1}{2}mv^2$$

옆에 있던 대성이는 중력가속도가 g인 지구에서 질량 m인 물체를 높이 h만큼 들어 올려요. 이때 속도 변화 없이 들어 올린다면 대성이가 한 일은 얼마일까요?

대성이는 일을 하면서 물체의 무엇을 변화시켰는지 생각해 봅시다. 물체에 작용하는 힘은 아래쪽으로 향하는 중력과, 위쪽으로 향하는 대성이가 들어 올리는 힘이 있어요. 속도의 변화가 없어야 하므로 알짜힘은 0이에요. 따라서 중력과 대성이가 들어 올리는 힘의 크기는 같고, 방향은 반대입니다.

들어 올린 높이가 h일 때 대성이가 한 일 $W = F \times h \times \cos 0^\circ$이고 이것은 중력이 한 일과 크기가 같아요. 중력이 한 일은 $W = m \times g \times \cos 180^\circ = -mgh$이고, 대성이가 일을 한 만큼 감소했어요.

대성이는 일을 했고 그만큼 중력이 한 일이 감소했다면, 높이 h에서 물체의 에너지는 0이어야겠죠. 하지만 대성이가 물체를 손에서 놓는 순간 물체는 아래 방향으로 떨어지면서 속도가 빨라져요. 즉, 운동 에너지가 증가하는 거예요.

만약, "운동 에너지는 어디서 생긴 걸까요?"라고 물어보면, 여러분은 "당연히 중력 때문에 속도가 빨라지는 거잖아요!"라고 대답할 거예요. 이것을 설명하기 위해 높이 h에 질량 m인 물체가 있을 때, 중력 퍼텐셜 에너지를 가지고 있다고 말해요. 중력 퍼텐셜 에너지는 질량과 높이에 비례하는 물리량입니다.

중력 퍼텐셜 에너지

$$E_p = mgh$$

운동 에너지와 퍼텐셜 에너지를 합한 것을 역학적 에너지라고 합니다. 앞의 계산에서 알 수 있는 사실은, h 지점에서의 중력 퍼텐셜 에너지와 바닥에 닿기 직전의 운동 에너지가 같다는 거예요. 그리고 h 지점에서는 정지해 있으므로, 운동 에너지는 0이라는 거죠. 바닥에 닿기 직전에는 높이가 0이므로 중력 퍼텐셜 에너지가 0입니다. 따라서 h 높이에서 역학적 에너지는 바닥에서 역학적 에너지와 같아요.

마찰이나 공기 저항 없이 중력에 의해 운동하는 물체의 역학적 에너지는 일정하게 보존되는데, 이것을 역학적 에너지 보존 법칙이라고 합니다.

경기에 열심히 참여하고 있는 동이와 대성이는 다치지 않기 위해 잠시 스트레칭을 하며 휴식을 취하기로 했어요. 스트레칭은 1kg의 물체가 양쪽에 매달린 용수철을 양쪽에서 잡고 팔을 들어 올린 후 몸을 뒤로 젖히는 동작으로 시작해요. 잡아당기는 힘에 의해 용수철이 늘어나면서 평형 위치를 중심으로 양쪽으로 각각 1m씩 늘어났네요.

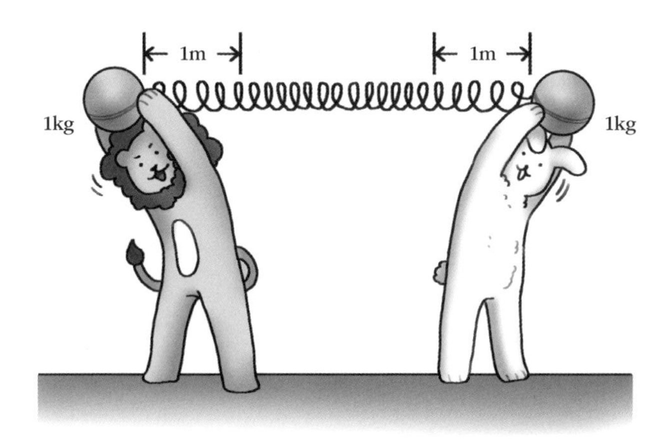

동이가 "아~ 시원하다!" 하고 말하는 순간, 대성이가 실수로 용수철을 놓치고 말았어요. 용수철은 빠른 속력으로 동이에게 향하고 있네요.

빠른 속도로 움직이는 물체는 운동 에너지를 가지고 있는데, 이 에너지는 어디에서 왔을까요? 그렇죠. 바로 용수철에 의한 탄성 퍼텐셜 에너지가 운동 에너지로 전환된 것입니다. 용수철에 작용하는 탄성력의 크기는 늘어난 길이에 비례하기 때문에, 다음과 같이 표현할 수 있어요.

탄성력의 크기

$$F = kx$$

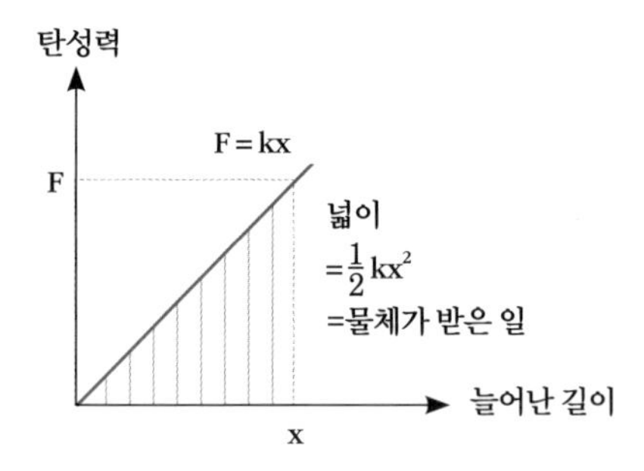

탄성력-늘어난 길이 그래프에서 면적은 물체가 받은 일이며 이것은 탄성 퍼텐셜 에너지가 됩니다. 물체가 빠른 속도로 동이에게 갈 수 있었던 건 바로 용수철에 의한 탄성 퍼텐셜 에너지가 운동 에너지로 전환되기 때문이에요.

탄성 퍼텐셜 에너지

$$E_P = \frac{1}{2}kx^2$$

지금까지 역학적 에너지가 보존되는 운동에 대해서 이야기했어요. 그렇다면 과연 역학적 에너지가 보존되지 않는 운동이 있을까요? 실제 생활에서는 마찰이나 공기 저항이 있기 때문에, 대부분 역학적 에너지가 보존되지 않아요.

그렇다면 이런 생각도 해 볼까요? 만약 하늘에서 떨어지는 빗방울이 공기 저항을 받지 않고 떨어진다면 어떻게 될까요? 공기 저항이 없다면 빗방울은 중력에 의해 등가속도 운동을 하면서 속도가 점점 빨라지고, 지면에 닿는 순간에는 엄청나게 빠른 속도가 될 거예요.

실제로 공기 중에서 낙하하는 빗방울의 경우는 중력에 의해 가속해요. 속력이 증가하면 운동 방향과 반대 방향으로 작용하는 공기 저항력이 커지면서 알짜힘은 작아지기 때문에 가속도가 감소해요. 그러다가 공기 저항력이 중력과 크기가 같아지면 물체에 작용하는 알짜힘이 0이 되므로, 등속도 운동을 하게 됩니다.

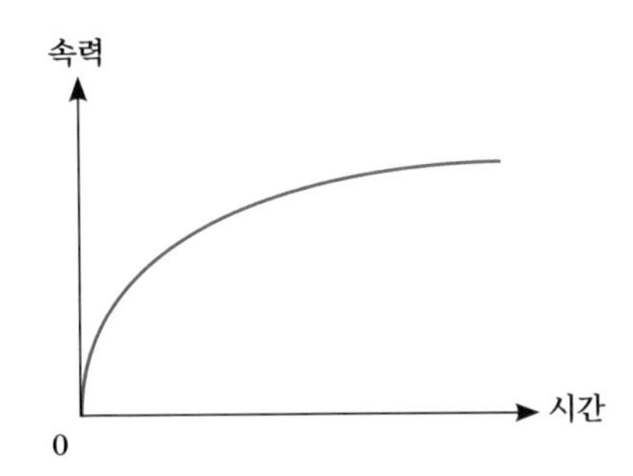

이때 중력 퍼텐셜 에너지는 감소하지만 운동 에너지는 증가하지 않으므로 역학적 에너지가 보존되지 않아요. 따라서 감소한 역학적 에너지는 열 에너지와 같은 다른 에너지로 전환되는 것입니다. 미끄럼틀을 타고 내려올 때도 역학적 에너지가 보존된다면 훨씬 빠른 속도를 체감할 수 있을 거예요.

2

열을 일로 바꾸는 기관, 열역학 제1법칙

여섯 번째 대결은 스털링 엔진 자동차를 이용해 더 먼 거리를 가는 경주입니다. 스털링 엔진은 막힌 실린더 안의 기체를 높은 온도와 낮은 온도에서 압축·팽창시키며 열 에너지를 운동 에너지로 바꾸는 장치예요. 스털링 엔진처럼 열 에너지를 이용해 운동 에너지를 얻어내는 장치가 열기관입니다.

경기가 시작되기 전 대성이가 재밌는 걸 보여 주겠다며 조그만 황토색 인형을 꺼냈어요.

대성이: 따뜻한 물이 담긴 비커 안에 조그만 황토색 인형을 넣을게. 어떤 변화가 생기는지 잘 봐. 자~ 넣는다!!

동 이: 우와~ 인형에서 기포가 뽀글뽀글 올라오네.

대성이: 그렇지~ 이번에는 기포가 더 이상 올라오지 않을 때 인형을 꺼내서 차가운 물이 담긴 비커에 넣을게!! 어떤 변화가 생겨?

동 이: 글쎄… 차가운 물에서는 특별한 변화가 보이지 않아.

대성이: 그렇지. 변화를 관찰하기 좀 힘들지. 그럼 이번에는 비커에서 인형을 꺼내서 책상에 올려놓고 뜨거운 물을 부을게.

동 이: 으악~ 오줌 싼다!! 인형이 갑자기 오줌을 누기 시작하네~ 이거 뭐야~

대성이: 신기하지!^^ 왜 이런 현상이 일어나는지 같이 알아볼까~

실험의 첫 번째 단계에서 인형을 따뜻한 물에 넣었을 때 기포가 발생한 이유를 알아볼게요. 조그만 황토색 인형은 아주 작은 구멍이 뚫려 있고, 내부는 텅텅 비어서 공기만 들어 있어요. 인형을 따뜻한 물에 넣으면 온도가 올라가면서 부피가 팽창하기 때문에, 인형 안에 있던 공기가 구멍 밖으로 빠져나오며 기포가 생겨요. 이때 압력은 일정하게 유지돼요. 이러한 과정을 등압과정이라고 하고, 부피가 팽창하기 때문에 등압팽창과정이라고 합니다.

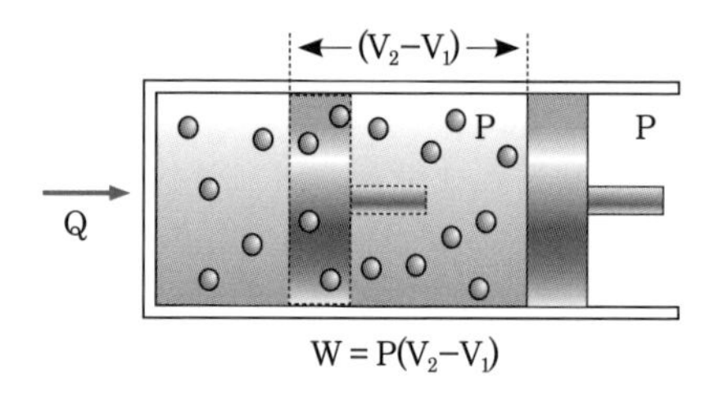

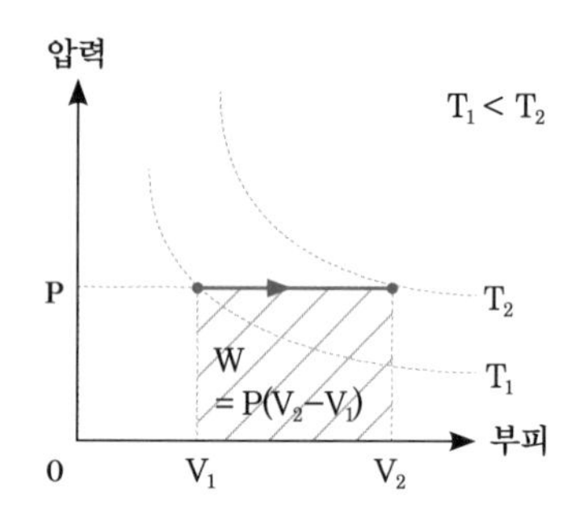

등압팽창과정

기체에 열이 공급되면 온도가 올라가서 내부 에너지가
증가하고, 부피도 증가해서 외부에 일을 한다.

두 번째 단계에서 인형을 차가운 물이 담긴 비커에 넣으면, 압력이 일정할 때 인형 내부의 온도가 낮아져요. 그럼 인형 내부 기체의 부피가 감소하면서 물이 인형 내부로 들어가게 되죠. 이 과정을 등압압축과정이라고 합니다.

세 번째 단계에서 공기 중으로 인형을 꺼낸 후 뜨거운 물을 부으면, 온도가 높아지면서 인형 내부 기체의 부피가 팽창하게 됩니다.

그러면 인형 내부에서 물이 빠져나와요. 이때 기체가 팽창하면서 물을 밀어내는 일을 했다면 그 크기는 압력에 비례하고, 부피변화량에 비례해서 그래프의 면적과 같아요.

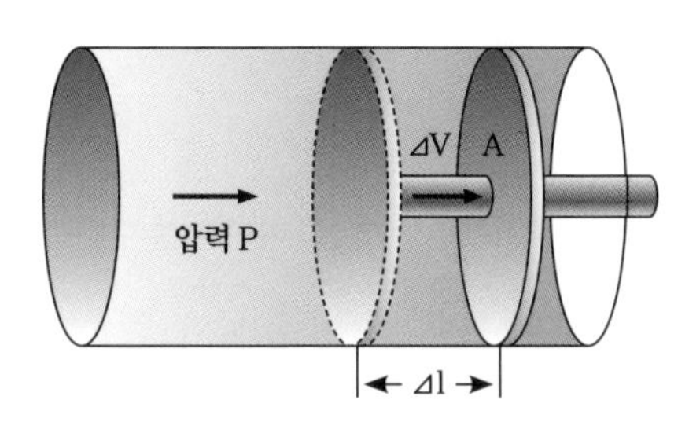

$W=F\cdot s$ 일의 정리 $P=\frac{F}{A}$

$$W = F\Delta l = PA\Delta l = P\Delta V$$

ΔV

재밌는 실험을 체험한 동이가 호기심이 생겨서 갑자기 물이 발사되고 있는 인형의 구멍을 막았어요. 구멍을 막았더니 당연히 물이 한 방울도 나오지 못하네요. 뜨거운 물을 붓고 있어서 온도는 계속 올라가지만, 부피는 팽창하지 못하고 압력이 증가하게 됩니다. 이때는 기체의 부피 변화가 없으므로 기체가 외부에 하는 일은 0이에요. 따라서 기체에 공급된 열은 모두 내부 에너지의 증가에 사용됩니다. 이것을 등적과정이라고 해요.

등적 과정

기체에 열이 공급되면 온도가 올라가서 내부 에너지가

증가하고, 부피는 변화가 없어 외부에 하는 일은 없다.

$$Q = \Delta U$$

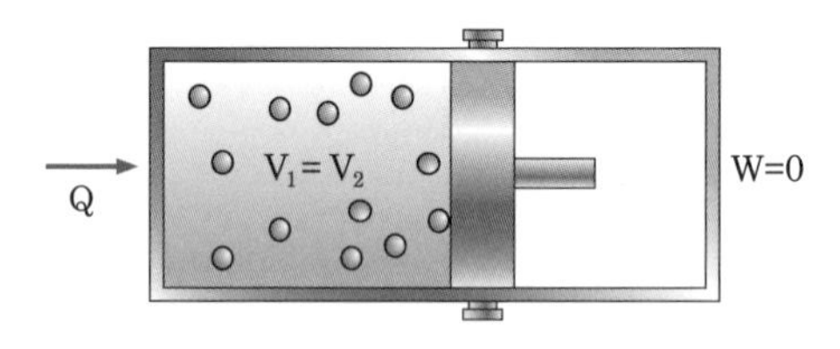

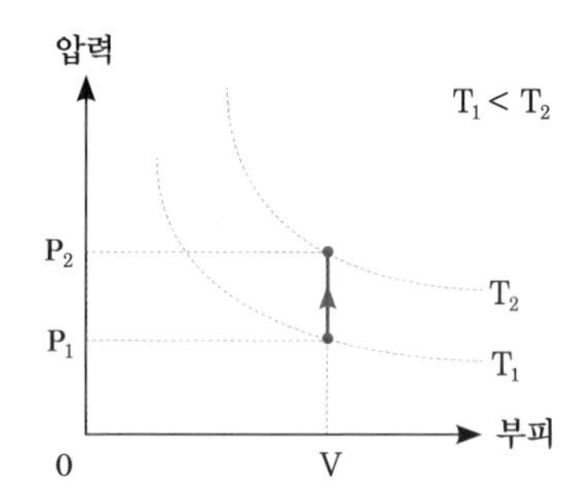

인형 내부의 기체가 이상 기체라면, 기체에 가한 열 에너지(Q)는 내부 에너지의 증가(ΔU)와 팽창으로 인해 외부에 한 일(W)의 합과 같아요. 이것이 열역학 제1법칙이며, 열 에너지와 역학적 에너지를 포함한 에너지 보존 법칙입니다.

열역학 제1법칙

$$Q = \Delta U + W$$

이상 기체는 운동 에너지만을 가지며, 분자의 크기를 점으로 가정해 분자 사이의 인력에 의한 퍼텐셜 에너지는 무시하는 기체를 말해요. 따라서 일정량의 이상 기체의 내부 에너지는 운동 에너지만으로 나타내고 절대 온도에 비례합니다. 기체가 팽창하려면 외부에 일을 해야 하고, 반대로 수축하려면 외부로부터 일을 받아야 해요. 따라서, 열역학 제1법칙 $Q = \Delta U + W = \Delta U + P\Delta V$이 돼요.

재밌는 실험을 보여준 보답으로 동이가 대성이에게 따뜻한 우유를 한 잔 대접합니다.

대성이: 와~ 우유다!! 호로록~ 앗, 뜨거!!

동 이: 뜨거울 때 빨리 먹고 싶으면 입으로 후~ 후~ 불어야 우유가 빨리 식어서 데지 않고 먹을 수 있어.

대성이: 후~ 후~ 진짜로 빨리 식었네! 그런데 왜 후~ 후~ 불면 찬바람이 나오고, 추운 날 입김을 불 때처럼 하~ 하~ 불면 왜 따뜻한 바람이 나오는 거지? 우리 몸에서 온도를 조절해서 내보내는 기능이 있나?

몸 안에 있던 공기가 입술까지 올 때는 '하~ 하~' 할 때와 '후~ 후~' 할 때가 같아요. 둘의 차이는 입술의 모양인데, 입을 벌리고 불 때는 따뜻한 바람이 나오고 입술을 오므리고 불 때는 차가운 바람이 나와요.

입을 벌리고 불 때는 처음부터 입김이 넓게 나와서 팽창하는 정도가 작아요. 하지만 입술을 오므리고 불 때는 좁은 틈으로 나온 공기가 밖으로 나오면서 주변에 넓게 퍼지기 때문에 팽창하는 정도가 커요. 이때 주변으로부터 에너지를 얻으면서 팽창하는 것이 아니라 공기 내부 에너지를 이용해 팽창하기 때문에 공기 내부의 온도가 내려갑니다.

이것을 단열 팽창이라고 하며, 구름이 만들어질 때 상승하는 공기가 이슬점 이하의 온도로 내려가는 현상과 같아요. 즉, 단열 팽창이 일어나면 외부와의 열 출입이 없고(Q = 0), 기체의 부피가 팽창해서 일을 하는 만큼 내부 에너지가 감소합니다. 단열 압축이 되면 기체의 부피가 감소하면서 받은 일만큼 내부 에너지가 증가하므로 온도는 올라가요.

단열 팽창

외부와의 열 출입이 없는 상태에서 기체의 부피가 팽창하면서, 하는 일만큼 내부 에너지가 감소한다.

$$0 = \Delta U + P\Delta V$$

$$P\Delta V = -\Delta U$$

3

열이 일을 하는 능력, 열역학 제2법칙

스털링 엔진 자동차를 이용해 더 먼 거리를 가는 경기를 본격적으로 시작해 볼까요? 준비를 마친 동이와 대성이의 자동차는 시작 신호와 함께 엄청난 속도로 트랙을 달립니다. 한참 같은 속도로 달리며 막상막하의 실력을 보여 주던 두 자동차 중 대성이의 자동차가 먼저 정지하고 잠시 후 동이의 자동차가 멈추네요. 자동차 더 멀리 가기 경기는 동이의 승리!! 공정한 경기를 위해 같은 연료, 같은 양을 이용했는데 왜 결과는 동이가 이겼을까요?

일로 이용되는 에너지의 비율을 열기관의 효율(e)이라고 하는데, 결론부터 말하자면 동이의 자동차가 대성이의 자동차보다 열효율이 더 좋았기 때문이에요.

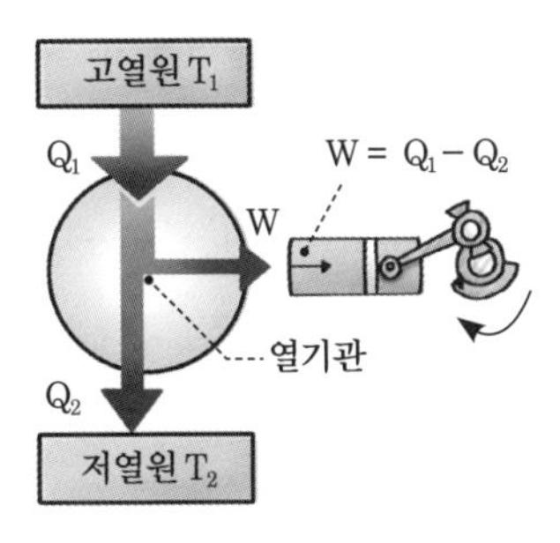

높은 온도(T_1)의 열원에서 열(Q_1)을 흡수하여 일을 한 후 온도가 낮은 곳(T_2)으로 열(Q_2)을 방출해요. 이때 열기관이 외부에 한 일은 $W = Q_1 - Q_2$이고, 열기관의 효율은 다음과 같아요.

열기관의 효율

$$e = \frac{W}{Q_1} = \frac{Q_1 - Q_2}{Q_1}$$

고온부에서 저온부로 열의 이동이 없이 전부 일로 전환될 수 없기 때문에, 열기관의 효율은 항상 1보다 작아야 합니다. 모든 열이 일로 바뀔 때 에너지의 총량은 보존되므로 열역학 제1법칙을 벗어나지 않아요. 이 말은 즉, 가한 열이 모두 일로 바뀌지 않는 현상을 열역학 제1법칙으로 설명할 수 없다는 겁니다.

볼츠만은 열역학 제1법칙으로는 설명할 수 없는 현상을 설명하기 위해서 열역학 제2법칙을 제안해요. 그리고 새로운 물리량으로 입자 배열 상태의 확률과 관계있는 양이라고 정의된 엔트로피를 도입합니다. 한 가지 예로 4개의 동전을 던지면 모두 앞면이 나올 경우의 수는 1이고, 앞면이 나온 동전이 2개인 경우의 수는 6이네요. 따라서 앞면이 나온 동전이 2개인 상태의 엔트로피가 모두 앞면이 나온 상태의 엔트로피보다 크게 됩니다.

열역학 제2법칙

외부와 열이나 물질을 주고받지 않고 일어나는 변화에서
엔트로피는 감소하지 않는다.

일반적으로 엔트로피 증가 법칙이라고 부르며, 온도가 높은 물체에서 온도가 낮은 물체로만 열이 흐르는 현상을 설명할 수 있어요. 일을 모두 열로 바꿀 수 없는 현상에 대해서도 엔트로피 증가 법칙을 이용하면 설명할 수 있습니다. 온도가 높은 기체와 낮은 기체가 접촉하면 섞이는 이유는, 섞여 있는 상태가 분리되어 있는 상태보다 엔트로피가 크기 때문이에요.

또 다른 예로는, 기체 입자들의 경우 규칙적인 운동 상태에 있을 확률은 낮지만 불규칙적인 운동 상태에 있을 확률은 높아요. 그래서 확률이 높은 불규칙적인 운동 상태로 변하는 현상이 엔트로피가 증가하는 과정입니다.

규칙적 운동(확률 낮음)

불규칙적 운동(확률 높음)

Point
잡기

• 역학적 에너지

운동 에너지 운동하는 물체가 가진 에너지를 운동 에너지라고 해요.

$$E_K = \frac{1}{2}mv^2$$

중력 퍼텐셜 에너지 중력장에서 기준점으로부터 물체를 어떤 지점까지 등속으로 이동시킬 때 작용한 힘이 한 일을 그 지점에서 중력 퍼텐셜 에너지라고 해요.

$$E_P = mgh$$

탄성 퍼텐셜 에너지 용수철에 작용하는 탄성력의 크기는 늘어난 길이에 비례하고 이때 용수철에 저장된 에너지를 탄성 퍼텐셜 에너지라고 해요.

$$E_P = \frac{1}{2}kx^2$$

• **역학적 에너지 보존 법칙**

마찰이나 공기 저항 없이 중력에 의해 운동하는 물체의 역학적 에너지는 일정하게 보존돼요.

$$E = K + P = \text{일정}$$

• **등압 과정**

열기관 내부의 압력이 일정할 때 외부에서 열량이 주어지면 내부 온도와 부피가 증가해요.

• **등적 과정**

열기관 내부의 부피가 일정할 때 외부에서 열량이 주어지면 온도와 압력이 증가해요.

• **단열 과정**

외부와 주고받는 열량이 없을 때 부피가 팽창하면 온도와 압력이 낮아져요. 반대로 압축되면 온도와 압력이 증가해요.

- **열역학 제1법칙**

기체가 외부에서 받은 열량은 내부 에너지 증가와 외부에 한 일을 더한 값과 같아요.

$$Q = \Delta U + W$$

- **열역학 제2법칙**

열은 고열원에서 저열원으로 스스로 이동하며 반대로는 스스로 이동하지 않아요. 즉, 엔트로피가 감소하는 방향으로는 이동하지 않아요.

- **열기관의 효율**

열효율은 항상 1보다 작아요.

$$e = \frac{W}{Q_1} = \frac{Q_1 - Q_2}{Q_1}$$

시공간과 운동

"지금 이 순간, 지금 여기"라는 문장을 보는 순간, 우리는 어떤 음정이 떠오르거나 흥얼거리듯 문장을 읽을 수 있어요. 뮤지컬 〈지킬 앤 하이드〉에 등장하는 가장 유명한 음악입니다. 이 순간은 시간이고, 지금이라는 것은 과거와 미래를 결정하는 기준이에요. 그리고 지금 여기는 3차원에 해당하는 공간을 표현해요. 한 번쯤은 지금 이 순간에 나는 여기서 무엇을 하고 있는지 생각해 본 적이 있을 겁니다.

뉴턴의 우주관에서는 관성기준계라고 하는 공간과 시간을 따로 생각해요. 공간과 시간이 아무 연관이 없다고 믿었죠. 공간은 3차원으로 점을 이용해 배열할 수 있는 모양으로, 기하학과 좌표를 이용해 나타낼 수 있어요. 시간은 공간과는 별개로 1차원으로 되어 있고 무한대까지 균일하게 지속된다고 생각해요.

그러다 아인슈타인이 제안한 특수상대성이론에서는 공간과 시간 간격이 관찰자의 속력에 의존하게 된다고 발표합니다. 시간 간격은 항상 일정하다는 대부분 사람들의 생각을 뒤엎는 충격적인 이론이에요. 물론 이때의 속력이 절대로 빛의 속력보다 빠를 수는 없다고 하네요.

1

빛의 속력은 누구에게나 같아! 특수 상대성 이론

동이와 대성이는 열기관에 대해 자세하게 탐구하면서, 지구를 따뜻하게 만들어 주는 태양에서 신기한 현상을 발견했어요. 지구를 밝게 비추는 태양빛과 따뜻하게 만들어주는 태양열은 지구까지 도달하는데, 왜 태양이 내는 소리는 도달하지 않는 걸까요? 태양은 원래 조용한 녀석인가요? 실제로 태양은 엄청난 에너지를 핵반응을 통해서 내고 있기 때문에 결코 조용하지 않은 녀석입니다. 그렇다면 왜 소리가 들리지 않을까요?

소리가 들리지 않는 이유에 대해 과학자들은 태양과 지구 사이에 소리가 전달되는 데 필요한 매질이 없기 때문이라고 말해요. '소리와 같은 파동은 고체, 액체, 기체와 같은 매질이 없으면 전달될 수 없다'라고 'Part 3. 파동과 정보 통신'에서 배우게 될 거예요.

그렇다면 빛은 왜 전달이 될까요? "빛은 파동이 아닌가요?"라고 물어 보면 당연히 빛도 파동이라고 말하겠죠. 이것을 해결하기 위해 일부 과학자들이 찾아낸 해답이 바로 '에테르'라고 하는 새로운 매질이 존재한다는 가정입니다. 이번에는 동이와 대성이가 사이좋게 이 문제를 해결하기 위해 힘을 모았어요.

동　이: 파동의 속력이 매질의 상태에 따라 달라진다면, 빛이 진행할 때도 에테르의 상태에 따라 속력이 달라지겠지.

대성이: 그렇겠네. 그럼 지구가 에테르가 있는 공간에서 공전하고 있으니까, 공전 방향으로 진행하는 빛과 수직으로 진행하는 빛은 속력이 달라야 하겠네.

동　이: 그렇지. 속력을 비교하려면 거리와 시간 중에 하나를 같게 만들고 나머지 하나를 측정하면 될 것 같아!

대성이: 역시 우리 둘이 모이니까 쉽게 해결되는 거 같은데~ 하하!

두 친구는 심혈을 기울여 마이컬슨과 몰리가 했던 실험 기구를 완성했어요.

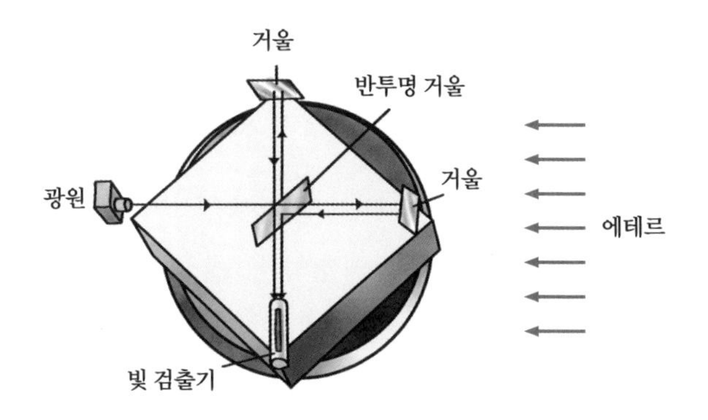

에테르가 없음을 증명한 실험
1887년 마이컬슨과 몰리의 빛의 간섭 실험

몇 번의 반복된 실험을 진행한 결과, 두 경로에서 빛의 속력 차이가 없었습니다. 혹시나 하는 마음에 몇 번을 다시 실험해도 역시 결과는 같았고, 다른 지역에서 실험해도 결과는 변하지 않았어요. 에테르를 확인하려고 했던 이 실험으로 결국 에테르가 없다는 것을 알게 됩니다.

태양에 관심이 생기면서 활동 무대를 우주로 넓혀 나갑니다. 우주여행을 떠나는 사람은 바로 동이에요.

동이는 우주선에 탑승하기 위해 일정한 속력으로 달리는 버스를 타고 이동하고 있어요. 첫 우주여행에 기분이 좋은 동이는 야구공을 수직 위로 던졌다가 받으면서 노래도 흥얼거리네요. 그 모습을 지면에 정지해 있는 대성이가 부러운 눈빛으로 쳐다보며 혼잣말을 합니다.

대성이: 동이가 던지는 야구공은 수평 방향으로는 관성에 의해 등속도 운동을 하고, 수직 방향으로는 중력과 반대 방향으로 던져진 공과 같은 운동인 연직 상방 운동을 하는구나. 그래서 수평 방향과 수직 방향의 운동이 합쳐진 포물선 운동을 하고 있구나.

무전기를 통해 동이가 이 소리를 들은 후 말해요.

동　이: 무슨 소리야? 내가 던지는 야구공은 포물선 운동이 아니라 똑바로 올라갔다가 내려오는 연직 상방 운동을 하고 있거든.

대성이는 포물선 운동이라고 말하고, 동이는 연직 상방 운동이라고 말합니다. 과연 누구의 말이 맞을까요?

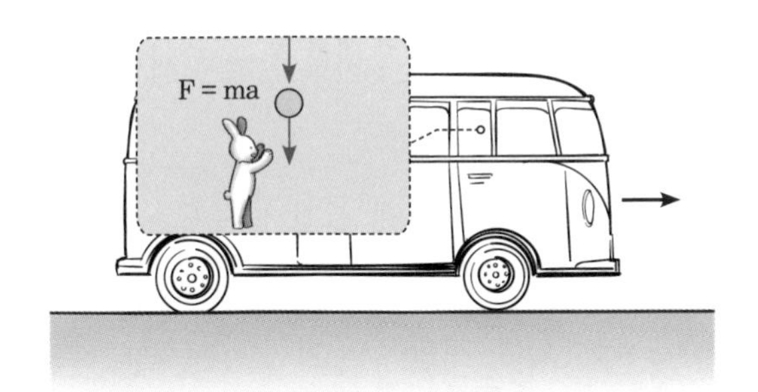

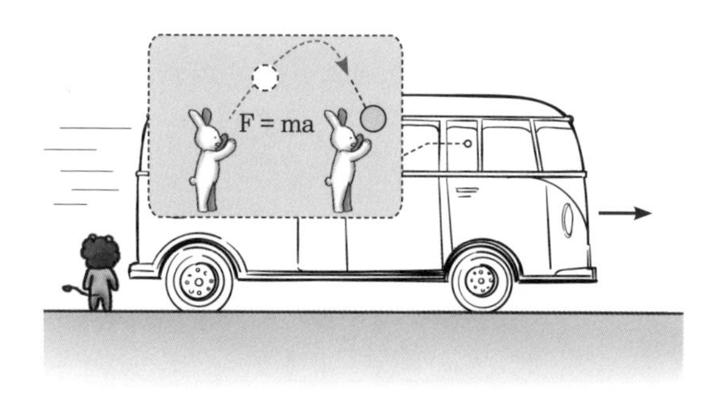

특수상대성이론의 첫 번째 가정 – 상대성 원리

모든 관성계에서 물리 법칙은 동일하게 성립한다.

이번에는 두 친구의 말이 다 맞아요. 버스에 타고 있는 동이와 지면에 정지해 있는 대성이는 공의 운동을 다르게 봤지만, 결국은 같은 물리 법칙인 뉴턴의 운동 법칙을 이용해서 설명하고 있어요.

우주선에 탑승한 동이는 드디어 역사적인 우주여행을 시작합니다. 들뜨고 설레는 마음으로 지구를 벗어나는 순간, 혼자서만 우주여행을 떠난다는 허전함에 지면에 있는 대성이를 향해 헤드라이트를 비춰요.

동이의 우주선이 일정한 속력으로 멀어질 때, 환하게 켜진 헤드라이트를 보며 대성이는 "헤드라이트가 참 밝구나. 저 빛은 우주가 진공이니까 c의 속력으로 나에게 오고 있겠지."라고 말해요.

우주선의 속력이 v라면 정지한 대성이가 측정한 빛의 속력은 얼마일까요? 움직이고 있는 동이가 측정한 빛의 속력은 얼마일까요? 정답은 대성이와 동이 모두 빛의 속력은 c로 측정된다는 거예요. 이것이 특수 상대성 이론의 두 번째 가정인 광속 불변의 원리입니다. 즉, 광원이나 관찰자의 운동과 무관하게 진공에서 빛의 속력은 항상 c로 측정돼요.

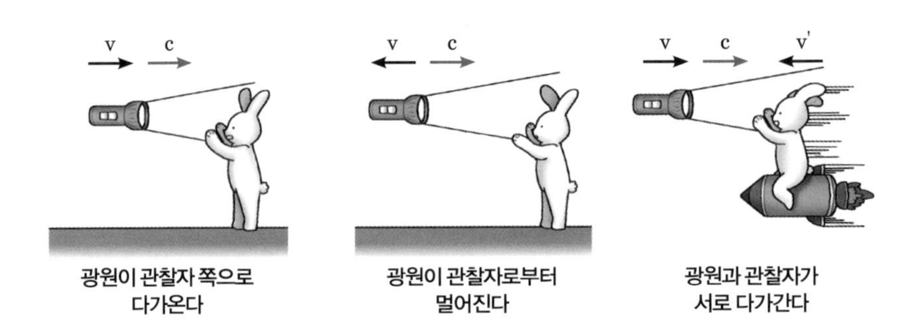

특수상대성이론의 두 번째 가정 – 광속 불변의 원리

모든 관성계에서 진공에서 진행하는 빛의 속력은 관찰자나 광원의 속력과 관계없이 일정하다.

2

난 동시고 넌 동시가 아니야!
시간 지연과 길이 수축

동이는 우주여행을 하면서 편안하게 책을 읽어야겠다고 생각하며 중앙에 있는 LED 램프를 켰어요. 빛의 속력이 일정하다는 내용이 떠오른 동이는 "LED 램프가 우주선의 정중앙에 있으니까 우주선의 앞과 뒤까지의 거리가 같고, 속도가 같으니 앞과 뒤에 동시에 빛이 닿으면서 밝아지겠구나."라고 말해요.

지구에 있던 대성이는 "중앙에서 빛이 출발하는 순간 우주선은 일정한 속도로 이동하고 있기 때문에 앞쪽은 거리가 더 멀어지고, 뒤쪽은 LED 램프 쪽으로 다가오니까 거리가 짧아지잖아. 빛의 속력은 같으니까 당연히 뒤쪽에 먼저 도달하고 앞쪽은 나중에 도달하네. 즉 앞과 뒤에 빛이 닿는 건 동시에 일어난 사건이 아니야. 어때~ 나 똑똑하지~?"라고 말하네요.

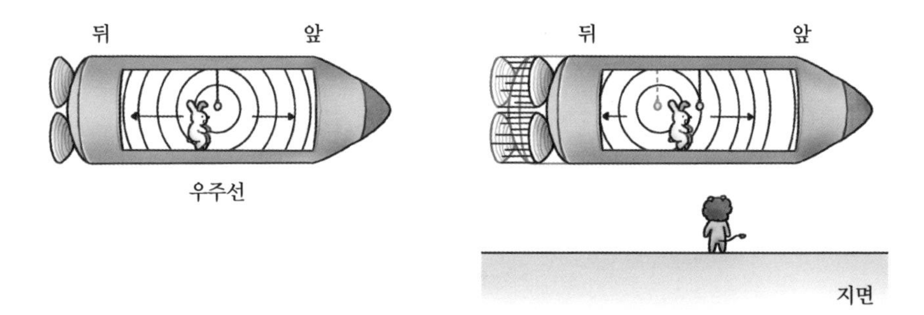

일정한 속도로 운동하는 우주선 안에서 LED 램프를 켠 동이는 앞과 뒤에 빛이 닿는 것은 동시에 일어난 사건이라고 말하는데, 지면에 있는 대성이는 동시에 일어난 사건이 아니라고 말하네요. 만약 현실에서 위와 같은 상황으로 친구와 논쟁이 벌어진다면 누가 틀리고 누가 맞을까요?

이번에도 마찬가지로 두 친구의 말이 모두 맞아요! 사건의 동시성은 절대적인 개념이 아니라 상대적인 개념입니다. LED 램프가 켜진 우주선 안에 있는 동이가 볼 때는 동시인 사건이, 지면에 있는 대성이에게는 동시가 아닐 수 있거든요.

동이는 우주여행을 계획하면서 우주선에서 사용할 나만의 시계를 만들었다고 해요. 이 시계는 빛을 수직 위로 발사하여 천장에 있는 거울에서 반사가 되고, 다시 바닥에 있는 거울에서 반사가 되는 방식을 이용해요.

빛이 바닥에서 출발하여 다시 바닥으로 되돌아오는 데 걸리는 시간을 동이가 계산해 보니 $t_0 = \frac{2L}{c}$ 가 됩니다. 우주선에서 빛이 바닥에서 천장까지 갔다 오는 데 시간 간격은 $\frac{2L}{c}$ 이고, 이 시간을 고유 시간으로 정해요.

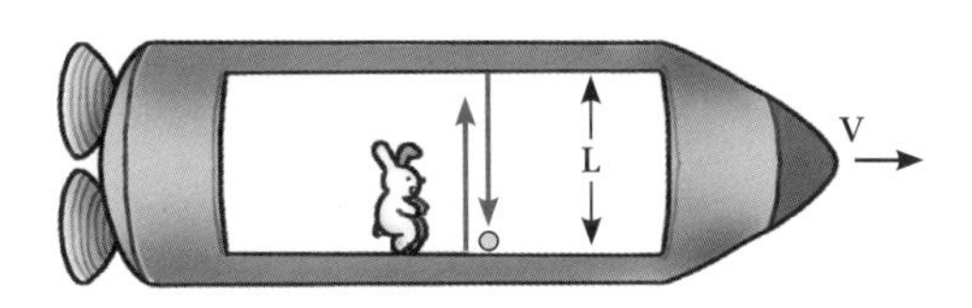

이번에도 지면에 있던 대성이가 다른 의견을 제시했어요. 빛이 바닥에서 출발했다가 천장의 거울에 반사되어 다시 바닥에 되돌아오는 동안, 대성이가 보고 있는 우주선은 일정한 속도 v로 진행하고 있어요. 그러니까 빛은 수직으로만 운동하는 게 아니라 수평 방향으로도 운동하는 거겠죠. 그러므로 이동한 거리는 2L이 아니라 빗변의 길이와 같아야 합니다.

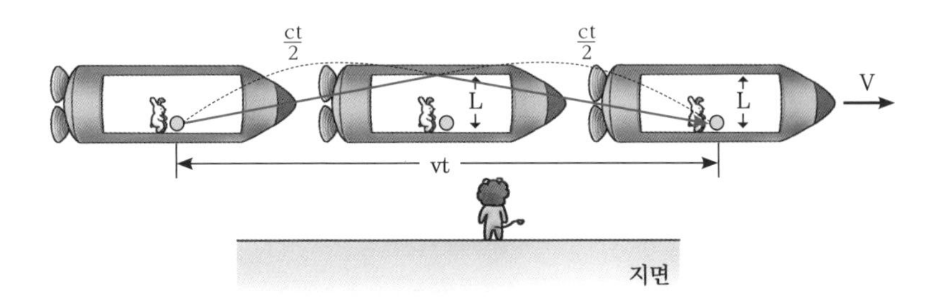

빛이 이동하는 데 걸린 시간을 t라고 하면, 빛이 왕복하는 동안 우

주선이 오른쪽으로 이동한 거리는 vt이고, 빛이 이동한 거리는 ct가 될 거예요.

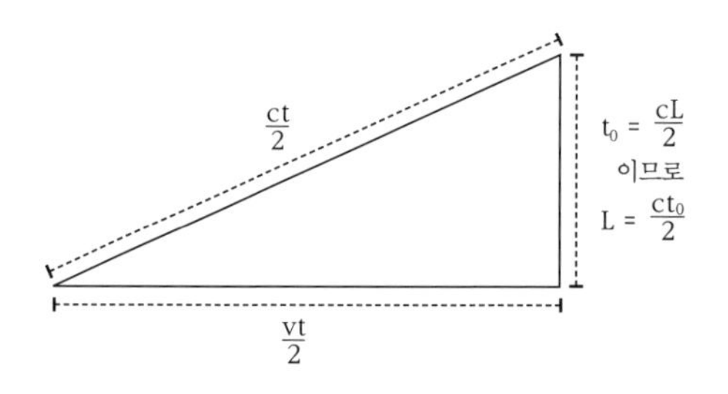

빗변 하나의 길이는 $\frac{ct}{2}$ 이며, $\frac{ct}{2} = \sqrt{(\frac{vt}{2})^2 + (\frac{ct_0}{2})^2}$ 이므로

$t = \frac{t_0}{\sqrt{1-(\frac{v}{c})^2}}$ 입니다.

시간 지연

$$t = \frac{t_0}{\sqrt{1-(\frac{v}{c})^2}}$$

즉, 지면에 있는 동이가 측정한 시간이 우주선 안의 대성이가 측정한 시간보다 더 크네요. 이것을 시간 지연이라고 합니다. 식을 살펴보면, 우주선이 정지해 있을 때 우주선 안에 있는 사람과 지면에 있는 사람이 측정한 시간은 같아요. 우주선의 속도가 빨라지면 빨라질

수록 시간 지연 효과가 커집니다.

그렇다면 우주선의 속도가 빛의 속도와 같아진다면 어떻게 될까요? 더 빨라진다면 어떻게 될까요? 상상해 봅시다!

대성이: 동이는 좋겠다~ 그런데 어느 행성으로 여행을 가는 거야?

동　이: 우주에서 가장 자연 풍경이 아름답다고 알려진 A 행성으로 가는 중이야~

대성이: 아~ 거기는 나도 무지하게 가고 싶었던 곳인데. 그곳은 지구로부터 L_0만큼 떨어진 곳에 있잖아.

동　이: 나도 그런 줄 알고 출발했는데 우주선에서 거리를 측정해 보니까 L_0가 아니라 L만큼 떨어져 있더라고~

대성이: 아니, 뭐라고!! 우주선에서 측정한 길이가 더 짧아졌단 말이야??

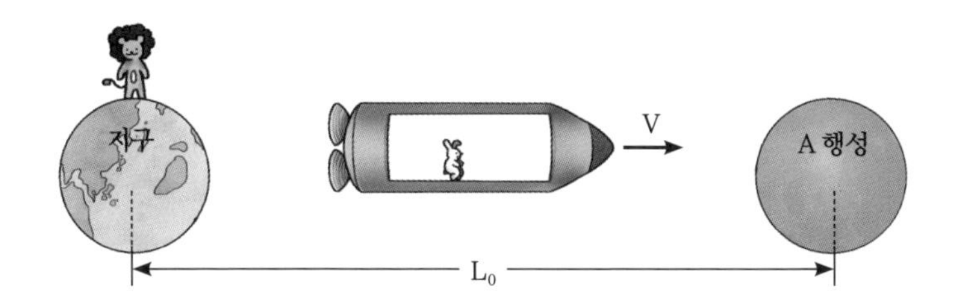

지구에 정지해 있는 대성이가 A 행성까지 측정한 거리를 L_0라고 하면, 이 거리는 고유 길이입니다. 지구에 있는 대성이가 속력 v로

운동하는 우주선이 행성까지 가는 시간을 계산해 보면 $t = \frac{L_0}{v}$가 되겠죠.

그런데 우주선에 있는 동이가 계산해 보니 결과가 달라졌어요. 우주선의 속력은 v로 같은데 시간이 t_0로 다르기 때문에, 거리도 L로 달라져야 하네요. $t_0 = \frac{L}{v}$이 되고 시간 지연에 의해 $t > t_0$이므로, 거리는 $L < L_0$가 돼요.

길이 수축

$$L = L_0\sqrt{1 - \frac{v^2}{c^2}}$$

즉, 운동하는 우주선 안에서 동이가 측정한 거리(L)는 지구에 정지해 있는 대성이가 측정한 거리(L_0)보다 짧아요. 이것을 길이 수축이라고 합니다. 길이 수축은 운동 방향과 나란한 방향의 길이에서만 일어나고, 운동 방향과 수직 방향의 길이는 수축되지 않아요.

3

빨라지면 질량도 증가해

한참 우주여행을 즐기던 동이는 흥미로운 광경을 목격합니다. 우주선과 같은 방향, 같은 속력으로 가던 운석 B가 서로 마주 보며 운동하던 운석 A와 충돌하네요. 마침 그 모습을 지구에 있던 대성이도 관측을 합니다.

그림 (가)는 정지한 대성이가 관찰한 모습을 그린 것이고, 그림 (나)는 운석 B의 수평 방향 속력과 같은 속력으로 운동하는 동이가 관찰한 모습이에요.

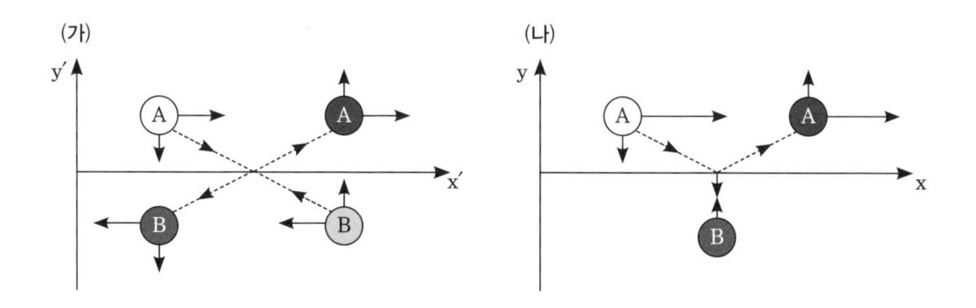

관측한 사람에 따라 충돌할 때의 모습은 다르지만 상대성 원리에 의해 운동량 보존 법칙은 똑같이 성립해야 해요. 위의 상황에서 운동량 보존 법칙이 성립하려면 속력이 달라질 때 질량도 달라져야 합니다. 정지한 상태에서 측정한 질량이 m_0인 물체를 운동하는 관성계에서 측정한 속력에 따른 질량 변화는 다음 그래프와 같아요.

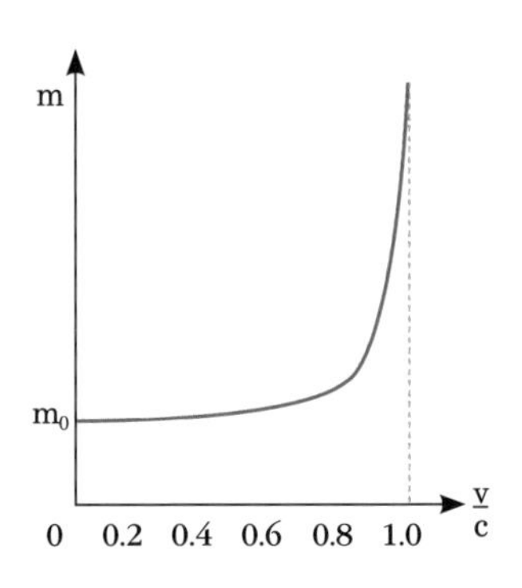

고전 역학에서는 속력이 아무리 빨라져도 절대로 질량이 변하지 않아요. 하지만 상대성이론에서 질량은, 속도가 빨라질수록 증가하고 빛의 속도에 가까워지면 무한대에 가까워져요. 질량이 무한대가 되면 아무리 큰 힘을 가해도 가속도가 0이므로 더 이상 속도가 빨라질 수 없어요. 그리고 질량이 있는 물체는 절대로 빛의 속력으로 운동할 수 없습니다. 빛은 질량이 없기 때문에, 빛의 속력으로 운동할 수 있어요.

운동하는 물체의 상대론적 질량

$$m = \frac{m_0}{\sqrt{1 - \frac{v^2}{c^2}}}$$

현재의 우리가 직접 체험할 수 있는 속력은 빛의 속력에 비해서 너무나 작은 값이기 때문에, 분모가 거의 1에 가까운 값이 됩니다. 따라서 운동하는 물체의 상대론적 질량은 정지 질량과 거의 같은 값이에요. 즉, 뉴턴 역학의 범위에서는 거의 차이가 없다는 말이죠.

뉴턴 역학에서는 운동 상태가 변해도 물체의 질량은 변하지 않는다고 생각합니다. 물체에 일을 해 주면 질량의 변화는 없고, 속력이 증가하면서 운동 에너지가 증가한다고 설명해요. 그래서 일을 계속 해 주면 물체의 속력이 빛의 속력보다 빨라질 수 있다고 생각할 수 있어요.

하지만 특수 상대성 이론에서는 물체에 일을 해 주면 속력이 빨라지고 질량도 증가한다고 생각해요. 그래서 속력이 느릴 때는 일의 대부분이 속력을 빠르게 하지만 빛의 속력에 가까워질수록 일의 대부분이 질량을 증가시켜요. 따라서 아무리 큰 힘을 가하고 많은 일을 해 주어도 물체를 빛의 속력보다 빠르게 할 수는 없는 거예요.

물체에 일을 하면 속력이 빨라지고 질량이 증가하는 것은 에너지가 질량으로 변할 수도 있다는 것을 의미해요. 이에 대해 아인슈타인은 질량과 에너지에 대해서 많은 사람이 알고 있는 아주아주 유명한 공식을 발표했습니다.

질량 · 에너지 등가 원리

$$E = mc^2$$

입자가 움직이지 않고 있을 때 질량을 m_0라고 하면, 이때의 에너지를 정지 에너지 $E = m_0c^2$으로 나타낼 수 있어요.

이것의 의미는 입자가 움직이지 않더라도 정지 질량에 광속의 제곱을 곱한 것과 같이 큰 에너지를 가지고 있다는 거예요. 그렇다면 우리가 알고 있는 모든 입자가 이만큼 큰 에너지를 가지고 있다는 것이고, 이 말이 사실이라면 에너지 부족에 대한 건 걱정을 안 해도 되겠죠? 하지만 아쉽게도 입자가 가지고 있는 이 에너지는 이용하기가 쉽지 않답니다.

Point 잡기

- **특수 상대성 이론의 두 가지 가정**

  상대성 원리 모든 관성 좌표계에서 물리 법칙은 항상 동일하게 성립해요.

  광속 불변 원리 모든 관성 좌표계에서 보았을 때, 진공에서 진행하는 빛의 속도는 관측자나 광원의 속도와 관계없이 일정해요.

- **동시의 상대성**(두 사건의 동시성)

  특수 상대성 이론은 시간을 상대적으로 보기 때문에, 한 관측자에게 동시에 일어난 사건이 다른 관측자에게는 동시가 아닐 수 있어요.

- **시간 지연**

  정지한 관측자가 운동하는 관측자를 보면 상대편의 시간이 느리게 가는 것으로 관측됩니다.

- **길이 수축**

    관측자와 물체가 서로 다른 속도로 움직일 때 관측자가 물체의 길이를 측정하면 고유 길이보다 짧게 측정돼요.

- **질량 · 에너지 동등성**

    질량과 에너지는 서로 전환됩니다.

Quiz

01 다음 그림은 질량이 각각 3m, 2m, 4m인 물체 A, B, C가 실로 연결된 채 정지해 있고, 실 p, q는 빗면과 나란하도록 설치한 장치이다.

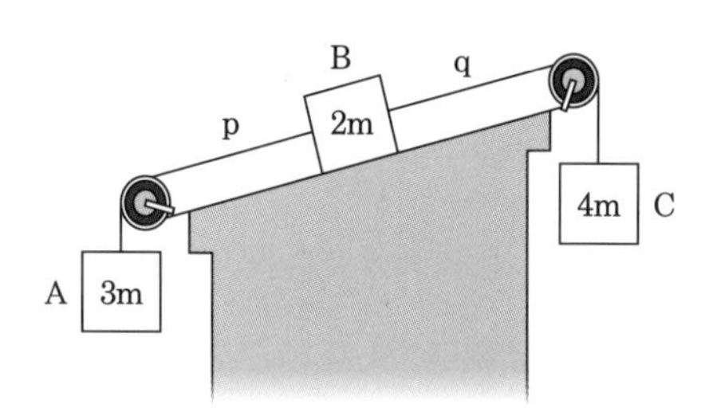

빗면과 나란한 방향으로 작용하는 B의 중력 F_B의 크기는 얼마일까? (단, 중력 가속도는 g이고, 실의 질량, 모든 마찰과 공기 저항은 무시한다) 2019학년도 수능 18번 문제 응용

02 그림 (가)와 같이 열전달이 잘되는 고정된 금속판에 의해 분리된 실린더에, 같은 양의 동일한 이상 기체 A와 B가 열평형 상태에 있다. 이때 기체 A, B의 부피와 압력은 같다. 그림 (나)는 (가)에서 B에 열량 Q를 가했더니 기체 A의 부피가 서서히 증가하여 피스톤이 정지한 모습을 나타낸 것이다. (나)에서 기체 A와 B의 온도와 압력을 비교해 보자. (단, 피스톤의 질량, 실린더와 피스톤 사이의 마찰, 금속판이 흡수한 열량은 무시한다)

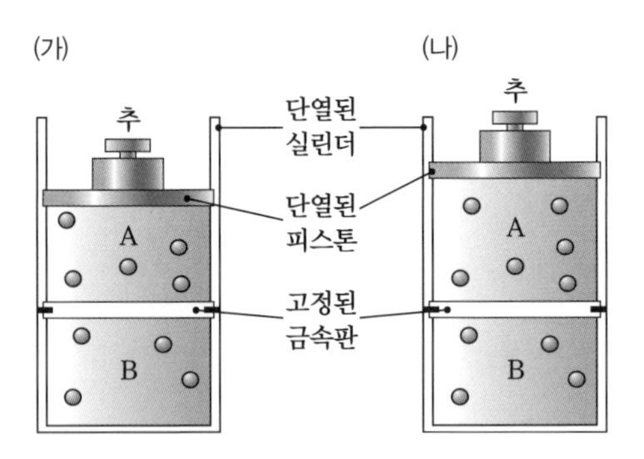

03 다음 그림은 영희가 탄 우주선이 철수에 대해 0.5c로 등속도 운동하는 모습을 나타낸 것이다. 광원 P에서 발생한 빛은 철수가 측정하였을 때 점 A, B에 동시에 도달했다. 이에 대한 설명으로 옳은 것만을 〈보기〉에서 있는 대로 고른 것은 무엇일까? (단, c는 빛의 속력이고, A, P, B는 동일 직선상에 있다)

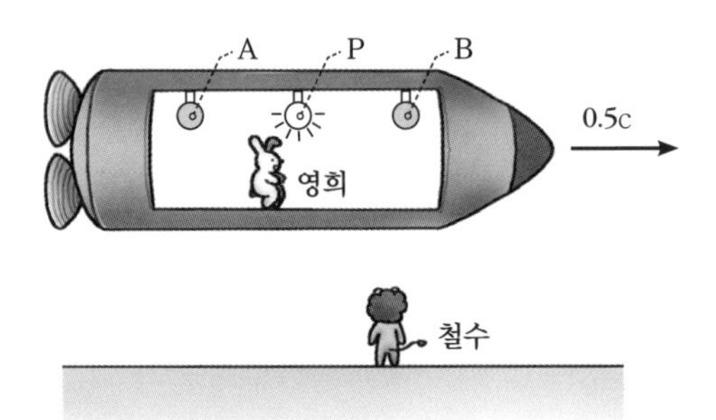

〈보기〉

ㄱ. 영희가 측정할 때, 철수의 시간은 영희의 시간보다 빠르게 간다.
ㄴ. 영희가 측정할 때, P에서 발생한 빛은 A보다 B에 먼저 도달한다.
ㄷ. 철수가 측정할 때, P에서 A까지의 거리는 P에서 B까지의 거리보다 짧다.

• 정답 및 해설 •

1. B에 작용하는 힘은 p가 B를 당기는 힘, 빗면과 나란한 왼쪽으로 작용하는 B의 중력 F_B, q가 B를 당기는 힘이다. p가 B를 왼쪽으로 당기는 힘의 크기는 3mg이고, q가 B를 오른쪽으로 당기는 힘의 크기는 4mg이다. 뉴턴의 운동 제2법칙을 적용하면 $3mg + F_B - 4mg = 0$이므로 $F_B = mg$가 된다.

2. 열전달이 잘 되는 금속판에 의해 분리된 실린더에 있으므로, A와 B의 온도는 항상 같다. (가)에서 (나)로 될 때 A는 등압, B는 등적 과정이다. A는 온도가 올라가며 부피가 증가하고, B는 온도가 올라가며 압력이 증가한다. 따라서 압력은 B가 A보다 크다.

3. ㄱ. 시간 지연 효과에 의해 영희가 측정한 철수의 시간은 느리게 간다.
ㄴ. 철수가 측정할 때 동시에 도달했으므로, 영희가 측정할 때는 거리가 짧은 B에 먼저, 거리가 긴 A에 나중에 도달한다.
ㄷ. 영희가 측정할 때, P에서 A까지의 거리는 P에서 B까지의 거리보다 길다. 따라서 철수가 측정할 때도 P에서 A까지의 거리가 더 길다.

Chapter
4

전기

원시 시대의 인류는 다른 영장류와 구별되는 중요한 수단인 '불'이라는 엄청난 에너지를 얻으면서 시작됩니다. 불을 사용하면서 따뜻함과 밝음을 얻을 수 있고, 음식을 익혀서 먹을 수 있어요. 음식을 조리하기 위해 다양한 도구를 만들며 금속에 대해서도 알게 됩니다. 불을 이용한 덕분에 자연을 효율적으로 이용하면서 지금에 이르는 문명 사회를 만들 수 있었죠.

19세기부터는 전기가 만들어지면서, 훨씬 더 빠른 속도로 발전해 나가요. 1897년에는 에디슨이 불을 이용하던 등잔불에서 전기를 이용한 백열전구를 만들었어요. 백열전구는 전기를 이용해 열선을 가열하면 온도가 높아지면서 빛이 발생하는 방법을 이용합니다. 그 이후 형광등이 만들어져 21세기 초반까지 사용되다가, 지금은 장점이 더 많은 LED로 차츰 바뀌고 있어요.

전기를 이용한 조명이 발달하면서 자연환경에 맞춰진 식생활에서, 자연환경을 지배하는 식생활로 바뀌고 있어요. 언제나 발전하는 인류에게 전기는 앞으로도 꼭 필요한 것입니다.

1

전자와 원자핵 사이에 작용하는 힘, 전기력

전기를 이용한 실험은 동이와 대성이가 같은 팀원으로 호흡을 맞추며 진행해요.

우선 첫 번째 실험은 PVC 막대를 이용해 나일론 끈을 공중에 오랫동안 띄우는 것입니다. 공중에 뜬 나일론 끈이 PVC 막대나 손에 닿으면 안 돼요. PVC 막대, 나일론 끈, 털가죽이 도구로 주어지고, 동이와 대성이가 활발하게 의견을 주고받으며 나일론 끈을 공중에 띄우는 방법에 대해 탐구하네요.

드디어 결정한 후, 나일론 끈 띄우기를 시작해요. 먼저 동이가 나일론 끈의 가운데를 중심으로 가늘게 찢어요. 그리고 털가죽을 이용해서 마찰시키며 문지르기 시작합니다. 대성이는 털가죽을 PVC 막대에 마찰시키며 문질러요. 그러다 하나, 둘, 셋 외침과 동시에, 동이가 나일론 끈을 공중에 던지고 대성이가 PVC 막대를 나일론 끈의 아래쪽으로 가까이 가져가네요.

결과는~? 나일론 끈이 공중에 둥둥 떠 있네요!

여러분은 중학교 때 털가죽으로 PVC 막대를 문지르면 털가죽은 (+)로 대전되고, PVC 막대는 (-)로 대전된다는 사실을 배웠을 거예요. 그렇다면 털가죽으로 문지른 나일론 끈은 (+)로 대전되었을까요, (-)로 대전되었을까요? 나일론이 공중에 떠 있을 때 작용하는 힘은 어떤 것일까요?

19세기 말, 진공 방전관에 높은 전압을 걸었더니 (-)극에서 (+)극 쪽으로 어떤 선이 직진하다가 유리관에 부딪히면서 빛을 발생하는 현상을 발견합니다. 이 선을 음극선이라고 부르고, 전자기파의 한 형태라고 생각했어요.

1897년 톰슨은 음극선 실험을 통해 원자보다 작은 질량을 가지고 (-)전하를 띤 기본 입자의 흐름을 발견했죠. 음극선의 경로에 있던 바람개비가 돌아가는 것을 보며 음극선이 운동량을 가지고 있는 입자라는 것을 증명한 거예요. 또한, 방전관에서 나오는 빛을 발생시키는 무언가가 전기장이 없을 때는 직진을 하다가, 전기장을 걸어주면 (+)극 쪽으로 휘어지는 현상도 관찰할 수 있었어요.

톰슨은 음극선이 원자에서 방출되는 입자의 흐름이라 생각하고, 전자라고 부르기 시작합니다.

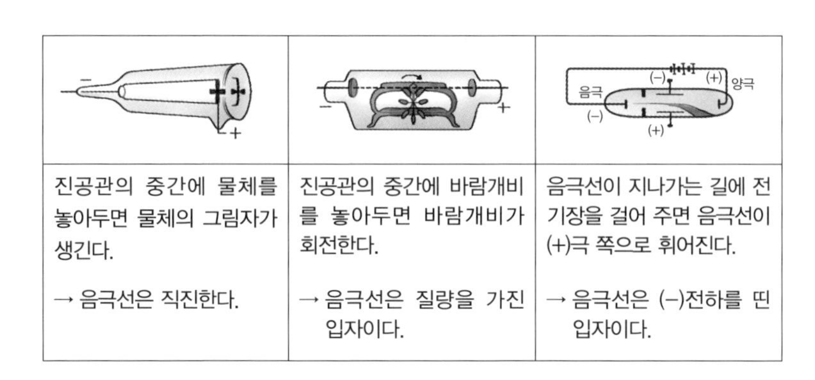

진공관의 중간에 물체를 놓아두면 물체의 그림자가 생긴다. → 음극선은 직진한다.	진공관의 중간에 바람개비를 놓아두면 바람개비가 회전한다. → 음극선은 질량을 가진 입자이다.	음극선이 지나가는 길에 전기장을 걸어 주면 음극선이 (+)극 쪽으로 휘어진다. → 음극선은 (−)전하를 띤 입자이다.

1911년 러더퍼드는 금박에 알파 입자를 쪼여 산란되는 것을 알아보는 실험을 진행해요. 알파 입자의 질량이 전자보다 매우 커서 진행 경로에 대부분 영향을 주지 못하고 통과했죠. 하지만 매우 적은 수가 꺾이면서 휘어지고, 심지어는 90도 이상의 커다란 각도로 휘어지는 것도 관찰합니다.

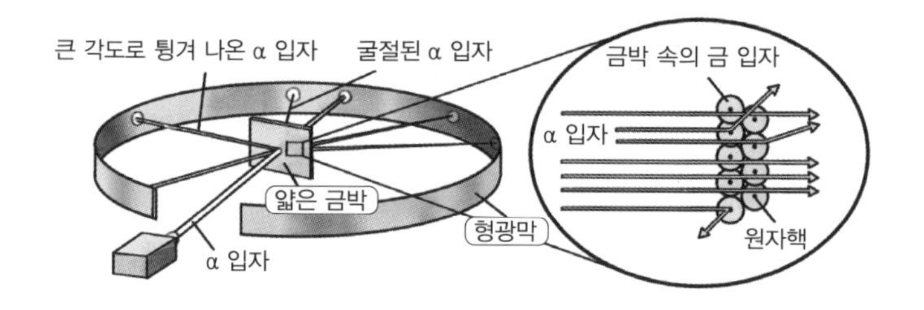

러더퍼드의 α입자 산란 실험

이 현상을 설명하기 위해 톰슨의 원자 모형을 수정해요. 알파 입자가 대부분 통과하기 때문에 원자 질량은 크지만, 부피는 작으면서 (+)전하를 띤 입자인 원자핵을 도입해요.

19세기 말까지 원자는 더 이상 쪼개지지 않는다고 생각했어요. 하지만 톰슨, 러더퍼드를 비롯한 많은 과학자의 노력에 의해서 전자와 원자핵의 존재를 알게 된 거예요.

다시 동이와 대성이의 실험으로 돌아가 볼게요. 지구 지표면에서 공중에 떠 있는 나일론 끈에는 아래쪽으로 중력이 작용해요. 공중에 떠 있으려면 중력과는 반대 방향으로 작용하는 힘이 있어야겠죠. 동이와 대성이는 이 힘을 만드는 방법으로 PVC 막대가 나일론 끈을 밀어내는 전기력을 선택합니다.

두 힘의 크기가 같으면 힘의 평형을 이루어 나일론 끈은 정지해 있을 수 있어요. PVC 막대가 (-) 대전체일 때, 나일론 끈이 중력과 반대 방향으로 힘을 받으려면 나일론 끈도 (-) 대전체가 되어야 서로 밀어내는 힘(척력)을 받습니다.

(+)전하와 (+)전하 사이에는 서로 밀어내는 힘인 척력, (+)전하와 (-)전하 사이에는 서로 끌어당기는 힘인 인력의 전기력이 작용해요. 전기력의 크기는 쿨롱 법칙으로 나타내는데, 전기력은 두 전하의 전하량의 곱에 비례하고 전하가 떨어진 거리의 제곱에 반비례합니다.

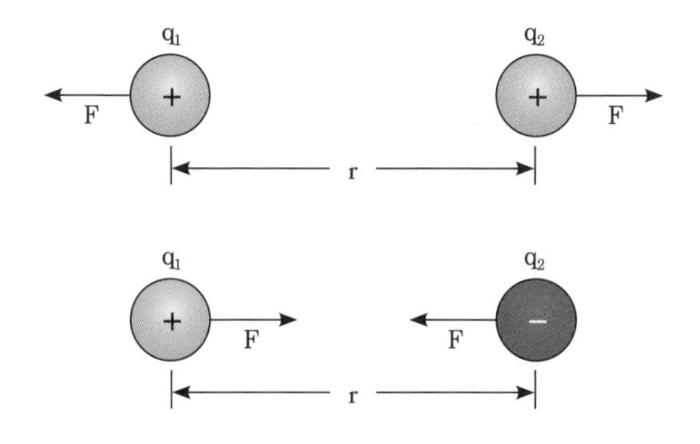

쿨롱의 법칙

$$F = kq_1q_2 / r^2$$

(진공에서 $k = 8.99 \times 10^9 N \cdot m^2 / C^2$)

물질이 가지고 있는 전하의 양을 전하량이라고 하며, 단위는 C(쿨롱)을 사용해요. 1C은 도선에 1A의 전류가 흐를 때 1초 동안 도선의 한 단면을 지나가는 전하량입니다.

원자핵은 (+)전하이고, 전자는 (-)전하이기 때문에 서로 잡아당기는 힘이 있어요. 이 힘 때문에 원자핵과 전자는 서로 붙어 버릴까요?

아닙니다. 지구와 태양 사이의 만유인력이 작용하기 때문에 공전할 수 있듯이, 원자핵과 전자 사이에 전기력이 있어서 공전할 수 있어요. 원운동을 하기 위해서는 원자핵과 전자가 모두 정지하는 것은 불가능하고 일정한 속력으로 돌아갑니다.

이것을 바탕으로 러더퍼드는 전자가 원자핵 주위를 빠르게 회전하기 때문에 안정적으로 존재할 수 있다고 생각하고 다음과 같은 모형을 제안해요. 질량의 대부분을 차지하는 원자핵이 원의 중심에 있고 전자는 원 궤도를 돌고 있어요.

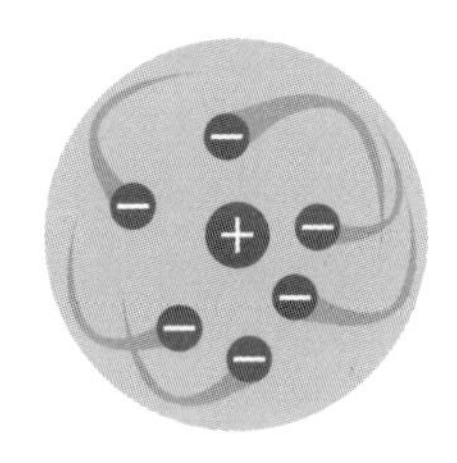

러더퍼드 원자 모형(1911)

2

전자가 띄엄띄엄 에너지를 가지네

두 번째 실험은 여러 가지 전등에서 나오는 빛을 분광기로 관찰하는 거예요. 동이가 먼저 백열등, 형광등, 발광다이오드(LED)를 간이 분광기로 관찰한 후 결과를 나타냅니다.

전등에서 나온 빛이 분광기나 프리즘을 통과할 때, 파장에 따라 경로가 나누어지면서 나타나는 빛의 띠를 스펙트럼이라고 해요. 동이가 관찰한 백열등, 형광등, LED의 결과처럼 모든 파장의 빛이 연속적으로 나타나는 것을 연속 스펙트럼이라고 불러요.

다음은 대성이가 수소 기체, 헬륨 기체, 아르곤 기체 방전관에서 나오는 빛을 분광기로 관찰한 후 결과를 나타낸 것입니다. 대성이가 관찰한 수소 기체, 헬륨 기체, 아르곤 기체 방전관의 그림처럼 띄엄띄엄 선으로 나타나는 것을 선 스펙트럼이라고 해요.

이번에는 동이와 대성이가 함께 추가 실험을 하네요. 형광등에서 나오는 빛을 저온의 기체에 통과시킨 후의 스펙트럼을 관찰한 후 결과를 나타냅니다.

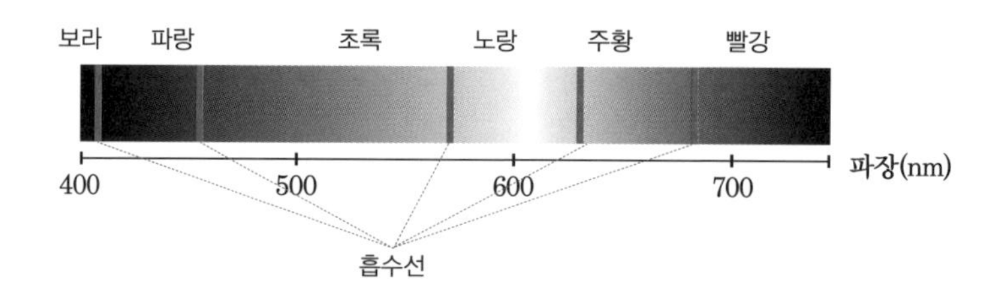

연속 스펙트럼에서 특정한 파장의 빛이 선으로 나타나는 것은 해당하는 빛을 기체가 흡수했기 때문이에요. 이렇게 흡수선이 나타나는 스펙트럼을 흡수 스펙트럼이라고 합니다.

결과를 보면 한 가지 흥미로운 궁금증이 생길 수 있어요. 기체가 달라지면 선 스펙트럼이나 흡수 스펙트럼이 나타나는 파장이 달라지는 이유는 무엇 때문일까요? 동이와 대성이가 기체마다 선 스펙트럼이 다르게 나타나는 이유에 대해 토론하네요.

동　이: 빛이 방출되려면 에너지가 필요하겠지.

대성이: 맞아. 원자핵 주위를 도는 전자는 에너지를 가지고 있으니까 에너지가 낮아지면서 빛을 방출하는 것이 아닐까?

동　이: 기체의 종류에 따라 전자수가 다르니까 운동할 때 에너지도 다르겠구나. 그래서 다양한 선 스펙트럼을 관찰할 수 있지.

대성이: 그러면 같은 기체는 선 스펙트럼과 흡수 스펙트럼이 나타나는 파장의 위치가 같겠네.

동 이: 그런데 한 가지 좀 이상한 점이 있어. 전자가 에너지를 잃으면서 빛을 방출하면 원자핵 주위를 도는데 필요한 에너지가 전부 없어져 버리는 건 아닐까?

빛이 방출되면서 에너지를 잃어버리는 것이므로 전자의 궤도가 작아져야 합니다. 결국은 원자핵에 흡수되고 더 이상 원자가 존재할 수 없네요. 그러나 실제로 이런 일은 일어나지 않기 때문에 러더퍼드의 원자 모형이 수정되어야 해요.

러더퍼드의 원자 모형에서 생긴 문제점을 보완한 새로운 원자 모형을 주장한 사람은 바로 보어입니다. 보어는 원자의 중심에 있는 원자핵을 중심으로 전자가 돌고 있으며, 전자는 특정 궤도에서만 원운동을 한다는 원자 모형을 제안했어요.

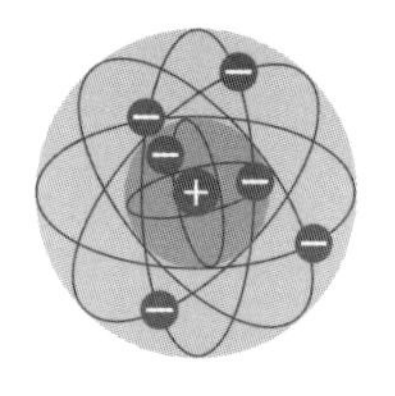

보어 원자 모형

보어의 원자 모형 – 양자 조건

원자 속의 전자가 불연속적인 에너지를 갖는 특정한 궤도에
있을 때 에너지를 방출하지 않고 안정한 상태로 존재한다.

보어의 원자 모형 – 진동수 조건

전자가 안정한 궤도 사이를 이동할 때만 두 궤도의 에너지
차이에 해당하는 에너지를 빛의 형태로 방출하거나 흡수한다.

전자가 원 운동하는 궤도 반지름은 특정한 값의 정수배에 해당하는 값만 가질 수 있다고 가정합니다. 그래서 전자는 특정한 궤도에서 특정한 에너지 값만 갖게 되는데, 이것을 에너지 양자화라고 해요. 양자화된 에너지 상태를 낮은 상태의 에너지부터 단계적으로 나타낸 것을 에너지 준위라고 합니다.

그럼 여기서 퀴즈~! 전자의 궤도 반지름이 클 때와 작을 때 에너지를 비교하면 언제가 더 클까요? 동이는 궤도 반지름이 클수록 에너지가 크다고 주장해요. 대성이는 궤도 반지름이 작을수록 원자핵과 가까우니까 에너지도 더 크다고 주장해요.

정답은~? 동이가 맞아요! 앞에서 전자의 궤도를 나타낸 그림을 잘 관찰했다면 전자의 궤도가 작아질 때 전자기파가 방출된다는 걸 알 수 있었을 거예요. 에너지가 높은 곳에서 낮은 곳으로 이동하면서 전자기파를 방출하는 것입니다.

즉, 궤도 반지름이 클수록 에너지 값도 큰 상태에 있네요. 에너지 준위는 양자수 n의 값에 따라 불연속적인 값을 가져요. n=1인 경우에 가장 낮은 에너지를 갖고 이를 바닥상태라고 합니다. n이 1보다 큰 경우를 들뜬상태라고 합니다.

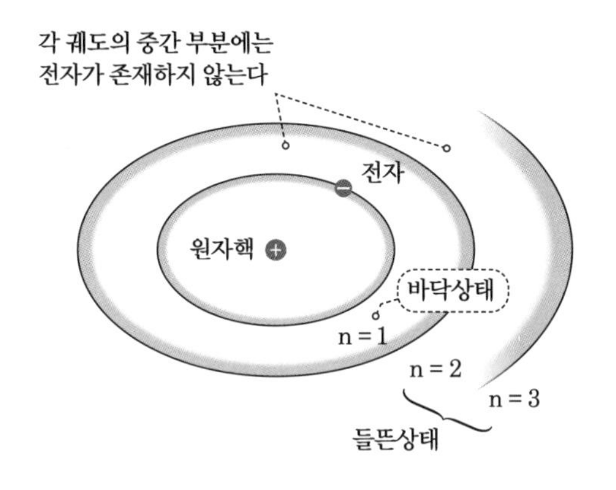

모든 원자들의 전자 궤도와 전자가 가질 수 있는 에너지는 양자화되어 있으며, 고유한 에너지 준위를 가지고 있어서 기체마다 다른 선 스펙트럼을 관찰할 수 있어요.

에너지가 낮은 궤도에 있던 전자가 높은 궤도로 전이할 때는 에너지 차이만큼의 빛을 흡수해요. 빛이 저온의 기체를 통과할 때 에너지 차이에 해당하는 진동수의 빛을 흡수하기 때문에 스펙트럼에는 흡수선이 나타나는 흡수 스펙트럼을 관찰할 수 있습니다.

반대로 에너지가 높은 궤도에 있던 전자가 낮은 궤도로 전이할 때는 빛을 방출하기 때문에 선 스펙트럼을 관찰할 수 있어요. 같은 기체의 흡수 스펙트럼과 선 스펙트럼을 비교하면 위치가 일치합니다.

3

고체의 전기가 통하는 성질은 무엇에 따라 달라질까?

동이와 대성이는 원자 구조에 대해 공부한 걸 바탕으로 고체에 대해 좀 더 자세하게 알아보려고 해요. 기체와 달리 고체는 거리가 매우 가까워지자 에너지 준위의 상태가 같은 전자가 충돌하기 시작해요. 이 문제를 해결하기 위해 에너지 준위가 미세하게 나누어져 거의 연속적으로 분포하는 에너지띠를 만들고, 에너지띠와 에너지띠 사이의 영역을 띠 간격으로 만들어요.

고체 전자들의 에너지 분포를 나타낸 것을 에너지띠 구조라고 합니다. 전자들은 에너지 준위가 낮은 에너지띠에서 높은 에너지 준위로 차례대로 채워져요. 전자가 채워진 띠를 원자가 띠라고 부르고, 전자가 채워지지 않은 띠를 전도띠라고 불러요.

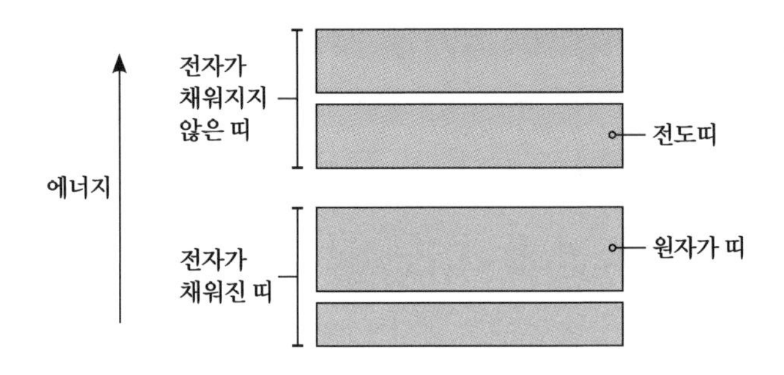

고체의 원자 구조에 대해 알게 된 두 사람은 특별한 고체를 만들고 싶다는 의욕이 솟구쳐, 각자 하나씩 만들어 보기로 했어요. 동이는 전류를 흘려보낼 수 있는 도체를 만들고, 대성이는 전류가 흐르지 못하는 부도체를 만들어요. 그럼 지금부터 만들기를 완성한 두 사람의 고체에 대한 발표를 들어 볼게요.

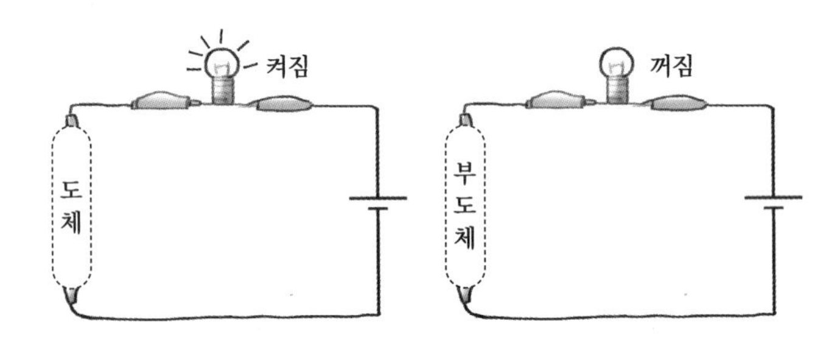

동 이: 내가 만든 고체는 도체라고 하는데, 은이나 구리, 철과 같이 전기가 잘 통하는 물질이야. 원자가 띠의 일부분만 채워져 있거나, 원자가 띠와 전도띠가 겹쳐 있을 때 엄청 작은 에너지만 흡

수해도 전자가 고체 내부를 자유롭게 이동할 수 있어. 이런 전자를 자유전자라고 해.

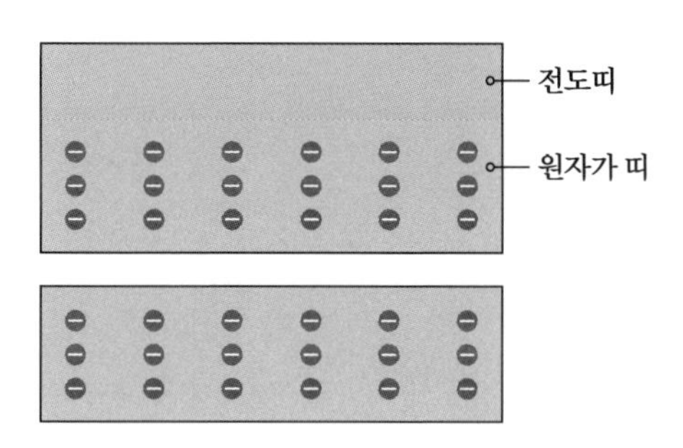

대성이: 내가 만든 고체는 부도체라고 하는데, 유리나 고무와 같이 전기가 잘 통하지 않는 물질이야. 원자가 띠에 전자들이 꽉 차 있어서 전자가 자유롭게 이동할 수 없기 때문에 전기가 잘 통하지 않아. 물론 매우 큰 에너지를 받아서 전도띠까지 전자가 올라갈 수 있으면 전기 전도성이 좋아지지. 하지만 상온에서는 자유전자들이 거의 존재하지 않아서 전기 전도성이 매우 나쁜 절연체가 돼.

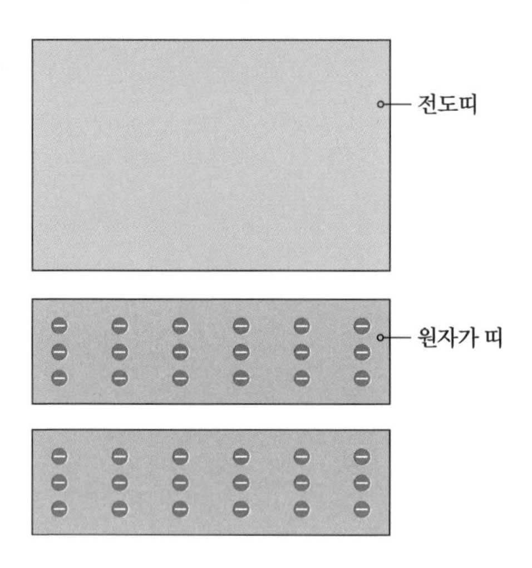

대성이의 설명이 끝난 후 누가 먼저랄 것도 없이 두 사람의 눈이 휘둥그레지며 마주쳐요. 그리고 머릿속에 같은 생각이 스쳐 지나갔어요. '전류가 흐르는 도체와 전류가 잘 흐르지 못하는 부도체가 있다면, 중간 정도의 성질을 가진 고체도 있어야 하지 않을까?'

자료를 찾아보니 띠 간격이 부도체보다는 작아서 조금의 에너지를 얻어도 전도띠로 올라갈 수 있는 고체가 있어요. 도체보다는 자유전자가 적고 부도체보다는 많은 것으로, 저마늄이나 실리콘과 같은 물질을 반도체라고 합니다.

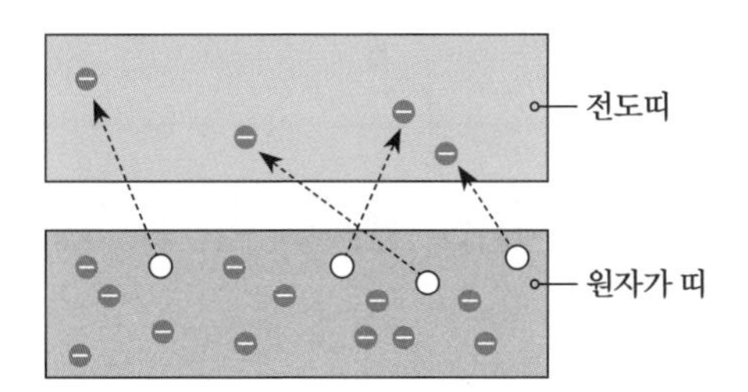
전도띠
원자가 띠

4

빛을 내는 반도체, LED

세 번째 실험으로 동이와 대성이는 LED를 이용해서 조명을 제작하려고 합니다. 잘 켜지는지 확인하기 위해 동이가 먼저 LED 하나를 건전지에 연결한 후 스위치를 닫아요.

동　이: 어! 왜 LED가 안 켜질까?

대성이: LED가 필요한 만큼의 전압을 공급해 주지 않아서 아닐까?

동　이: 이 LED는 3V의 전압이 필요하다고 해서 1.5V 건전지 2개를 직렬로 연결했어.

대성이: 그럼 전압은 맞게 공급하고 있네. 그렇다면 극을 바꿔서 연결해 볼까?

동　이: 바꿔 볼게.

대성이: 우와~ LED가 켜지네!

반도체로 만들어진 LED는 한쪽으로만 전류가 흐를 수 있고, 반대 방향으로는 절대 전류가 흐르지 않아요. 이런 성질은 보통 물질에서는 나타나지 않는 새로운 전기적인 성질입니다. 그럼 지금부터 LED를 만들 때 사용하는 반도체에 대해 좀 더 자세하게 알아볼게요.

도체는 최외각 전자가 1개 또는 2개가 있어서 자유전자로 이동하기 쉬워요. 반면에 순수 반도체에는 원자가 전자가 4개여서 쉽게 이동시키기 힘들어요. 순수 반도체에는 실리콘(Si)이나 저마늄(Ge)이 가장 대표적인 물질입니다. 현재 LED에 사용하는 반도체는 순수 반도체에 불순물을 첨가하여 성질을 변화시켜요. 이런 반도체를 불순물 반도체라고 하며 다양한 성질을 갖는 새로운 반도체 소자를 만들 수 있어요.

순수 반도체에 원자가 전자가 5개인 비소(As), 인(P) 등을 첨가하면 결합에 참여하지 않는 전자가 발생해요. 이 전자들은 자유롭게 이동할 수 있어서 전류의 방향과 반대 방향으로 움직일 수 있죠. (-)전하를 띠는 전자들이 전하를 운반하는 반도체를 n형 반도체라고 불러요.

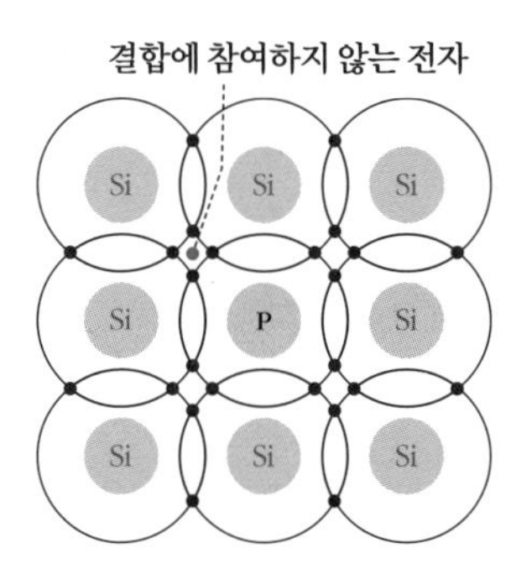

순수 반도체에 원자가 전자가 3개인 붕소(B), 갈륨(Ga), 인듐(In) 등을 첨가하면 결합할 전자가 부족해서 빈 구멍이 생겨요. 이 구멍은 (+)전하의 특성을 가지고 있으며 양공이라 부릅니다. 양공이 전하를 운반하는 반도체를 p형 반도체라고 해요.

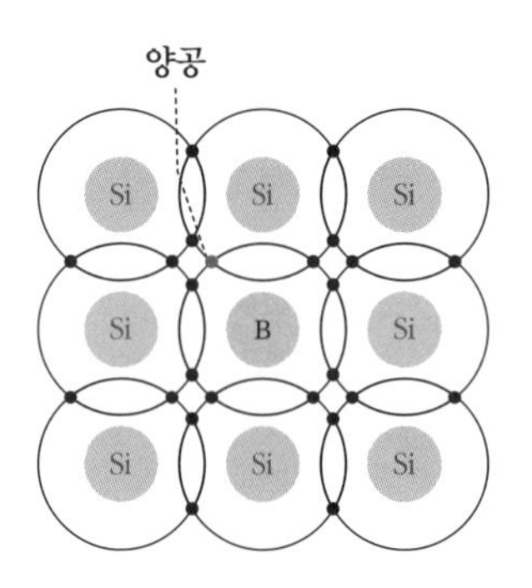

이번 실험의 주 재료인 발광 다이오드(LED)는 Light Emitting Diode의 약자입니다. 앞에서 이야기한 p형 반도체와 n형 반도체를 접합해서 만드는 반도체 소자를 p-n 접합 다이오드라고 해요. p-n 접합 다이오드의 p형 반도체를 건전지의 (+)극에 연결하고, n형 반도체를 (-)극에 연결하면 전류가 흘러요. 왜냐하면 양공은 n형 반도체 쪽으로 이동하고, 자유전자는 p형 반도체 쪽으로 이동하기 때문에 접합면에서 결합하면서 전류가 잘 흐르기 때문이죠. 이처럼 전류가 잘 흐르는 전압을 순방향 전압이라고 해요.

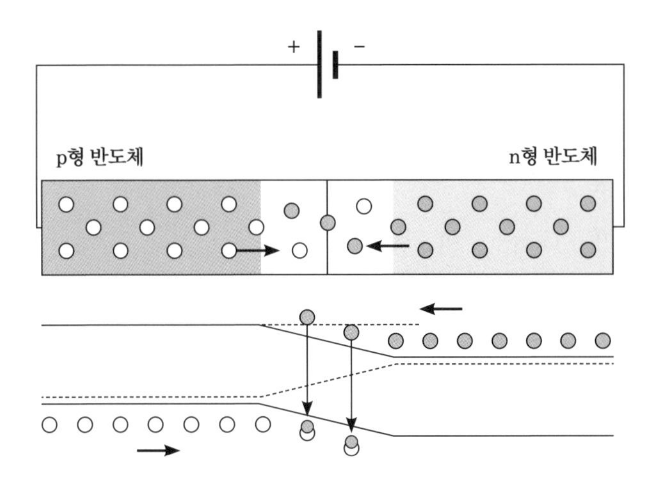

반대로 p-n 접합 다이오드의 p형 반도체를 건전지의 (-)극에 연결하고, n형 반도체를 (+)극에 연결하면 전류가 흐르지 않아요. 양공과 자유전자가 접합면으로부터 멀어지면서 전하가 이동할 수 없어요. 이처럼 전류가 잘 흐르지 못하게 걸어 준 전압을 역방향 전압이라고 합니다.

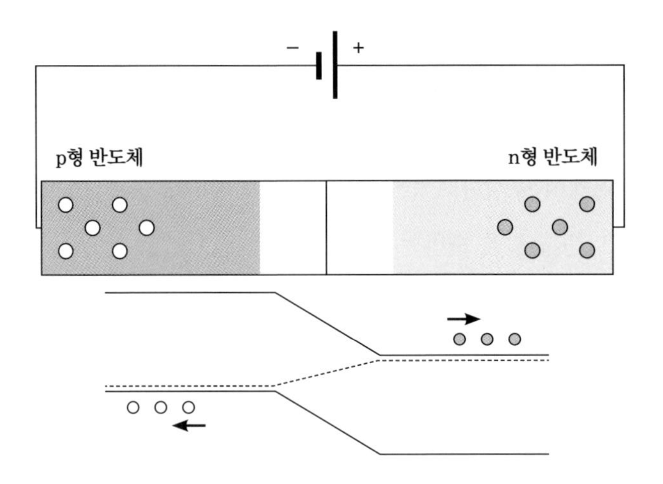

p-n 접합 다이오드의 전류를 한쪽으로만 흐를 수 있게 만드는 성질을 이용하면, 교류를 직류로 바꿔주는 정류 작용에 이용할 수 있어요. 또한 첨가하는 불순물의 종류와 양을 변화시키면서 다양한 접합 다이오드는 물론이고 트랜지스터, 태양 전지와 같은 다양한 전기적 성질을 갖는 반도체 소자도 만들 수 있답니다.

Point 잡기

- **쿨롱 법칙**

  두 전하 사이에 작용하는 전기력의 크기는 거리의 제곱에 반비례하고, 전하량을 곱한 값에 비례해요.

- **에너지 준위**

  보어는 원자 내에서 전자들이 가질 수 있는 에너지가 불연속적인 값을 갖는 것으로 양자화되어 있다고 했어요. 이때의 에너지 값을 에너지 준위라고 해요.

- **에너지띠 구조**

  고체의 에너지띠 구조에서 전자들은 에너지 준위가 낮은 곳부터 채워지며, 전자가 채워진 에너지띠 중에서 에너지가 가장 큰 띠를 원자가 띠라고 하며, 원자가 띠 바로 위의 에너지띠를 전도띠라고 해요.

• n형 반도체

순수 반도체에 원자가 전자가 5개인 인, 비소를 도핑하면 공유 결합에 참여하지 못한 원자가 전자가 생겨요. 자유롭게 움직이는 이 전자들은 전하의 주 운반자가 되는 반도체예요.

• p형 반도체

순수 반도체에 원자가 전자가 3개인 붕소, 갈륨, 인듐을 도핑하면 공유 결합할 전자가 부족해 전자가 없는 빈 구멍이 생겨요. (+)전하의 특성을 가진 양공이 전하의 운반자가 되는 반도체예요.

• p-n 접합 다이오드

p형 반도체와 n형 반도체를 접합하여 만든 거예요. p형 반도체를 전원의 (+)극에, n형 반도체를 전원의 (-)극에 연결하면 순방향 전압을 걸어서 전류가 흘러요. 반대로 연결하면 역방향 전압을 걸어서 전류가 흐르지 않아요.

Chapter 5

자기

기원전 1600년경부터 사람들은 자철광이라는 물질이 쇠붙이를 끌어당기는 현상에 대해 알고 있었어요. 자석이라고 불리는 물질이 가진 새로운 힘을 이용해 마치 신비한 능력을 가진 것처럼 행동하는 사람도 등장합니다. 물론 현재도 마술사들이 자석의 힘을 이용해 흥미로운 쇼를 만들기도 해요.

자석이 과학적으로 사용된 대표적인 사례 중 하나가 바로 나침반이에요. 지구의 동서남북을 알 수 있어서, 멀리 여행을 떠날 때 방향을 잃지 않고 올바른 길을 찾아가며 무사히 여행을 마칠 수 있어요.

전기와 자기는 서로 연관성이 없는 개념이라고 생각하며 각각 따로 이용해 왔어요. 그러나 우연히 전기 실험을 하던 전선 근처에 있던 나침반이 전류에 의해 방향이 바뀌는 것을 관찰하면서부터 둘의 연관성이 알려지기 시작합니다. 많은 과학자가 관심을 가지고 탐구하여, 결국 전기와 자기가 서로 영향을 준다는 사실을 알게 되었죠.

1824년 윌리엄 스터전은 무게가 200g인 전자석을 이용해 4kg의 철을 들어 올리는 데 성공해요. 자신의 무게 이상을 지탱할 수 있는 전자석을 최초로 만들어 낸 사람이죠.

그리고 1832년에는 현재 직류 전동기에 꼭 필요한 정류자를 발명하기도 합니다. 전류가 흐르는 도선 주변에 자기장이 생긴다는 것과는 반대 현상으로, 자기장의 변화에 의해 유도 전류가 흐르는 현상이 발견됩니다. 지금부터 패러데이 법칙으로 알려진 유명한 물리 법칙에 대해 차근차근 알아볼게요.

1

전기 에너지로 회전 에너지를 얻어요

이번 실험은 어릴 때부터 많이 가지고 놀던 자석을 이용한 나침반 만들기예요. 우선 실을 이용해 막대자석의 가운데를 묶고 공중에 매달아요. 막대자석의 N극과 S극이 서서히 움직임을 멈추고 각각 반대편을 가리켜요. 이걸 본 동이가 먼저 말을 꺼냅니다.

동　이: 자석의 N극이 가리키고 있는 곳이 북극이고, S극이 가리키고 있는 곳이 남극이지? 지구 내부에 커다란 자석이 있다면 북극에 자석의 S극이 있고 남극에 자석의 N극이 있겠네.

대성이: 무슨 소리야. 북극에 자석의 N극이 있고, 남극에 자석의 S극이 있어야지. 북쪽, 남쪽을 영어로 뭐라고 쓰는지 생각해 봐.

과연 동이와 대성이의 말 중 누구의 말이 맞을까요? 이번에는 동이의 말이 맞아요.

자석 사이에 작용하는 힘을 자기력이라고 해요. 마주 보는 극이 서로 같으면 밀어내고, 다르면 서로 끌어당기죠. 이때 자석 주위에 자기장이 생기고, 자기장의 영향으로 각각의 자석이 자기력을 받아요. 자기장의 방향은 N극이 가리키는 방향이고 막대자석의 양 끝에 가까울수록 자기장의 세기가 큽니다. 전기력선과 마찬가지로 자기장 내에서 자침의 N극이 가리키는 방향을 연속으로 연결한 선을 자기력선이라고 해요.

자기력선의 특징

- 자석의 N극에서 나와 S극으로 들어간다.
- 도중에 갈라지거나 교차하지 않는다.
- 자기력선의 접선 방향이 그 점에서의 자기장의 방향이다.
- 자기력선의 밀도가 클수록 자기장이 센 곳이고,
- 자기력선의 밀도가 작을수록 자기장이 약한 곳이다.

지구에서 자석의 N극이 가리키는 방향이 북쪽이라면, 자기력선은 남극에서 나와서 북극으로 들어가요. 따라서 남극에 지구 자기장의 N극이 있어야 하고, 북극에 S극이 있어야겠죠.

자기장에 수직인 단면을 지나가는 자기력선의 수를 자기 선속(Φ)이라고 하며, 단위는 Wb(웨버)를 사용해요. 그리고 자기장의 세기는 같은 면적을 지나가는 자기력선의 수가 많을수록 커진답니다.

자기장의 세기

자기장의 세기 $B = \Phi / S$

(단위: T(테슬라), $1T = 1Wb / m^2$)

실수에 자극받은 대성이는 도서관에서 열공하며 실력을 갈고닦아, 새로운 실험을 준비해요. 1820년 덴마크의 과학자 외르스테드가 전류에 의한 자기장을 발견했던 것과 유사한 것으로, 도선 아래에 나침반을 놓고 전류의 세기를 변화시키면서 자침의 회전 방향과 회전하는 각을 예상하고 탐구하는 실험이에요.

대성이: 전류의 세기를 점점 증가시키면서 실험을 한다면 자침은 어떻게 움직일까?

동 이: 직선 도선에 전류가 흐르면 도선 주위에 도선을 중심으로 하는 원형으로 자기장이 형성될 거야. 자기장의 방향은 직선 전류가 흐르는 방향으로 오른손 엄지손가락을 향하게 한 후, 나머지 네 손가락이 도선을 감아쥐는 방향이야. 이것을 앙페르 법칙 또는 오른나사 법칙이라고 하지.

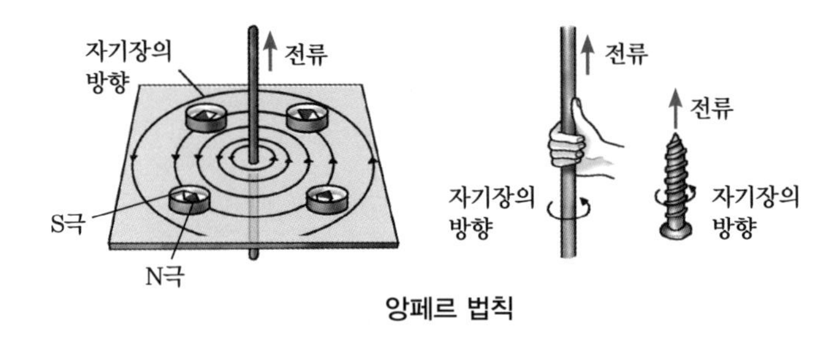

앙페르 법칙

훌륭한 동이의 설명에 대성이가 추가 설명을 해요.

대성이: 전류의 세기가 클수록 자기장의 세기도 커져. 그러니까 도선 아래에 있는 나침반의 N극이 북쪽에서 동쪽으로 회전하는데, 전류의 세기(I)가 커지면 동쪽으로 회전하는 각도도 커지지. 그 이유는 지구 자기장의 크기가 북쪽으로 일정하고, 직선 전류에 의해 동쪽의 자기장의 크기가 커지기 때문이야. 두 벡터의 합을 구하면 동쪽으로 회전하는 각이 점점 증가해.

동　이: 전류의 방향이 바뀌면서 직선 도선과 나침반의 거리가 멀어지면 자침이 어떻게 변할까?

대성이: 앙페르 법칙을 적용해 보면, 전류의 방향이 바뀌었으니 엄지손가락이 향하는 방향도 바뀌겠지. 그리고 네 손가락이 감아쥐는 방향도 바뀌면서 자침이 서쪽을 가리키겠네. 이때 도선과 나침반 사이의 거리(r)가 멀어지면 도선에 의해 만들어진 자기장의 세기(B)는 약해지고, 서쪽으로 회전한 각도가 점점 더 작아지겠네.

직선 전류에 의한 자기장의 세기

$$B = \frac{kI}{r}$$

이번에는 동이가 원형 전류에 의한 자기장 실험을 준비하고 있네요. 어떤 실험을 할까 고민하던 동이는 주변에서 쉽게 볼 수 있는 주제를 선택해요.

아마도 책을 읽고 있는 지금도 주위를 둘러보면 이것이 한두 개는 반드시 있을 거예요. 그것은 바로바로, 스피커! TV나 컴퓨터, 라디오 등을 통해 소리를 들을 때 사용하는 스피커의 기본적인 원리를 간단한 형태의 구조로 만들어 봐요.

스피커를 만들 때 필요한 준비물은 자석, 에나멜선, 이어폰 잭, 사포, 종이테이프, 가위, 병뚜껑이에요. 동이가 차근차근 쉽게 실험 방법을 설명합니다.

① 병뚜껑 안쪽에 자석을 붙인다.
② 에나멜선을 자석의 지름보다 0.5cm 크게 원형으로 100번 정도 감는다.
③ 감은 에나멜선에 이어폰 잭을 연결한다.
④ 이어폰 잭이 연결된 에나멜선을 병뚜껑 지름보다 작게 원형으로 자른 사포에 붙인다.

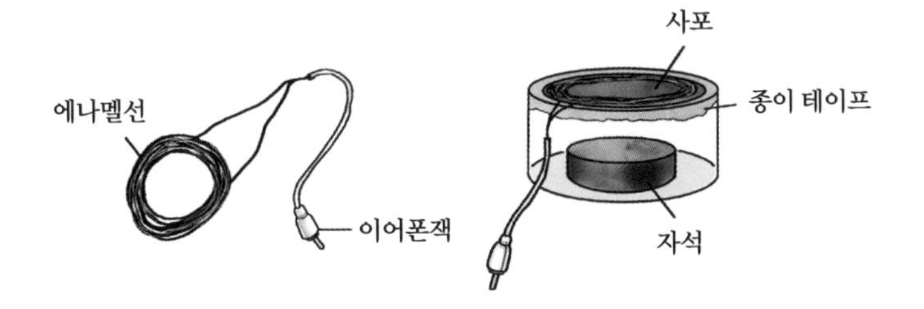

⑤ 에나멜선이 붙은 사포를 병뚜껑의 입구에 자석과 닿지 않도록 붙인다.
⑥ 이어폰 잭을 컴퓨터 등에 연결한 후 음악을 재생한다. 쿵짝~ 쿵짝~ 신나는 음악이 스피커를 통해서 나온다.

스피커는 도선을 원형 고리로 만든 후 전류를 흘려보낼 때 도선을 따라가며 원의 안쪽에서 한쪽 방향으로 자기장이 생기는 원리예요. 원형 도선 중심에서의 자기장의 세기(B)는 전류의 세기(I)에 비례하고 반지름(r)에는 반비례합니다.

원형 전류에 의한 중심에서의 자기장의 세기

$$B \propto \frac{I}{r}$$

이런 방식으로 원형 도선에 의한 자기장의 방향을 알아내면 조금 번거롭기 때문에 오른나사 법칙에서 손가락의 역할을 바꾸는 것이지요. 네 손가락을 전류의 방향으로 감아쥘 때 엄지손가락이 가리키는 방향이 바로 자기장의 방향이 되는 거예요.

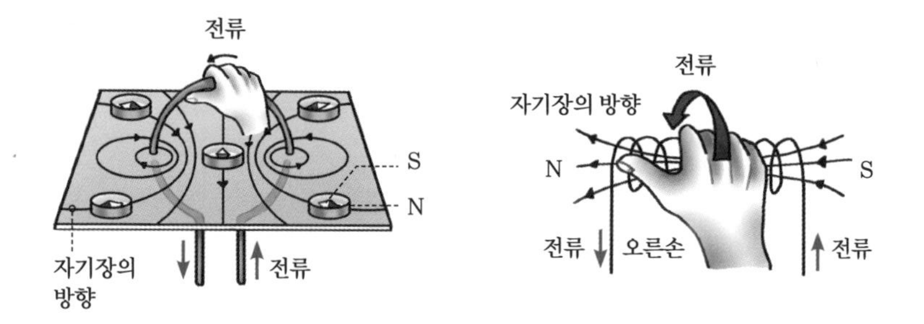

도선을 원형으로 여러 번 감은 것을 솔레노이드라고 합니다. 솔레노이드에 전류가 흐를 때 오른손으로 감아쥐면, 네 손가락이 전류의 방향이고 엄지손가락이 자기장의 방향이에요. 스피커를 만드는 실험에서 에나멜선을 이용해서 둥글게 감는 건 솔레노이드를 만든 것과 비슷하죠. 솔레노이드에 전류가 흐르면 자석과 같은 성질을 갖게 되는데, 이것을 전자석이라고 합니다.

병뚜껑에 붙어 있는 영구 자석과 전자석이 마주볼 때 같은 극이면 척력, 다른 극이면 인력이 생겨서 밀거나 당길 수 있어요. 영구 자석의 극은 바뀌지 않지만 전자석은 전류의 방향에 따라 극이 바뀌죠. 소리가 발생하는 신호에 맞춰 전자석의 극이 바뀌면서 밀고 당기며 진동판에 진동이 생겨요. 진동판이 떨리면서 공기를 진동시키면 우리가 음악을 들을 수 있게 됩니다.

음악 소리가 작을 때 우리는 볼륨을 높여서 크게 듣죠? 어떻게 진동시키면 좀 더 큰 소리를 들을 수 있을까요? 솔레노이드가 무한히 길다면 내부의 자기장은 균일하며, 단위 길이당 도선의 감은 수(n)와 전류의 세기(I)에 비례해요. 따라서 볼륨을 높일 때는 단위 길이당 감은 수를 증가시키거나 전류의 더 세게 흘려보내면 자기장이 증가하면서 큰 자기력을 받습니다. 자기력이 커지면 진동의 폭도 더 커지면서 큰 소리를 낼 수 있어요.

솔레노이드 내부에서 전류에 의한 자기장의 세기

$$B \propto nI$$

전류에 의한 자기 작용이 일상생활에서 적용되는 대표적인 예는 전동기예요. 전동기 내부에는 자석과 코일이 들어 있어요. 코일에 전류를 흐르면 전자석이 되고 영구 자석이 만드는 자기장과 상호 작용하는 힘을 받아서 코일이 회전해요.

(가)

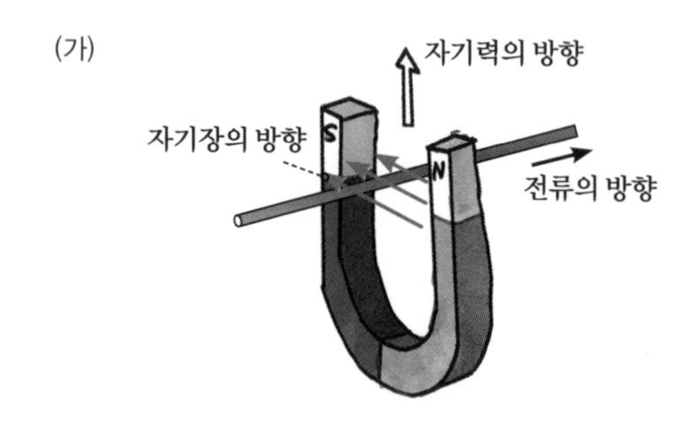

(나)

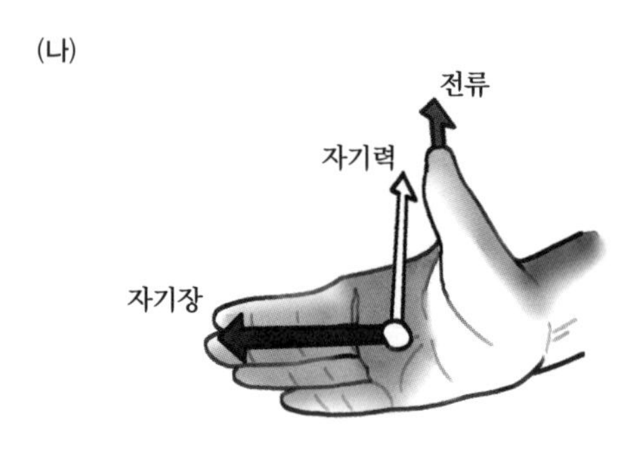

그림 (가)와 같이 전류가 흐르는 도선을 영구 자석이 만드는 자기장 속에 놓으면, 도선은 위쪽으로 자기력을 받아요. 이때 그림 (나)와 같이 오른손을 펴면 네 손가락은 자기장의 방향, 엄지손가락은 전류의 방향, 손바닥은 자기력의 방향이 되는 걸 알 수 있어요. 도선에 작용하는 자기력의 크기는 외부 자기장의 세기가 클수록, 전류의 세기가 클수록, 자기장 속에 있는 도선의 길이가 길수록 커져요.

전동기는 자기력을 이용해 전기 에너지를 운동 에너지로 전환하는 장치이고, 실험에서는 주로 직류 전동기를 많이 사용해요. 다음 그림과 같이 반시계 방향으로 전류가 흐를 때, 자기장의 방향은 +y방향이므로 도선 ab에는 +z방향으로 자기력이 작용해요.

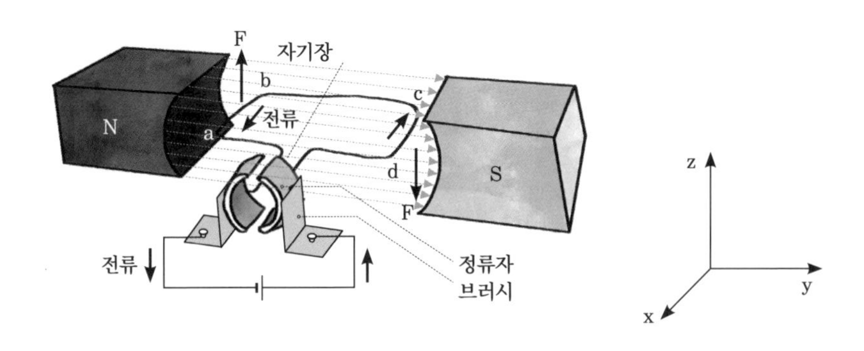

또한, 도선 cd에는 -z방향으로 자기력이 작용합니다. 회전축을 중심으로 작용하는 두 힘에 의해 코일은 회전할 수 있어요. 직류 전동기에만 있는 정류자에 의해서 전류의 방향이 바뀌게 되므로, 코일은 한쪽으로 계속 회전할 수 있어요.

이 밖에도 전류에 의한 자기 작용은 다양한 장치에 이용되고 있어요. 의료 장비인 자기 공명 영상(MRI) 장치, 컴퓨터의 하드 디스크, 핵융합 발전에 사용되는 토로이드 등에 사용되고 있습니다.

2

자석에 붙기, 밀기

원형 도선에 전류가 흐를 때 자기장에 대한 탐구를 열심히 진행하던 대성이가 갑자기 질문을 던졌어요.

대성이: 기본 입자에 대해서 배울 때 전자가 원자핵 주위를 돌고 있다고 했잖아. 그러면 전자는 전하량을 가지고 있으니까, 전자가 원운동을 하면 전류가 흐르는 것과 같겠지. 그렇다면 전류가 흐르니까 주위에 자기장도 생겨야 하는 것 아닐까?

동 이: 아주 아주 훌륭한 질문이야!

대성이: 그런 말 들으니까 기분이 좋네~ 물질을 구성하는 원자 내부 전자의 운동은 전류가 흐르는 효과를 나타낼 수 있지. 그래서 원자 하나하나가 자석의 성질을 가질 수 있어. 그런데 이상한 게 있어. 왜 모든 물질이 자석과 같은 성질을 가지고 있지 않는 걸까?

동 이: 원자 내의 전자들이 서로 반대 방향으로 회전하면서 짝을 이루고 있기 때문이야. 그래서 전자가 만드는 자기장도 반대 방향이 되기 때문에, 자석과 같은 성질을 가지지 못해. 원자마다 전자의 수가 다르니까 물질마다 다른 성질을 가지고 있을 거야. 원자 규모의 자석을 원자 자석이라고 하는데, 지금부터 자성에 대해 함께 자세하게 알아보자.

물질의 자기적 성질을 알아보기 위한 실험을 준비해 봅시다. 철 막대, 알루미늄 막대, 유리 막대와 매우 강한 네오디뮴 자석을 준비해요. 각 막대를 실에 묶어서 스탠드에 고정시킨 후, 자석을 가까이 가져갈 때 나타나는 현상을 관찰해요.

관찰 결과 철 막대는 자석에 매우 잘 끌려와서 붙고, 알루미늄 막대는 매우 약하게 끌려와요. 유리 막대는 자석으로부터 약하게 밀려나는 걸 볼 수 있어요. 이처럼 물질이 외부 자기장에 반응하는 성질을 자성이라고 합니다.

철, 니켈과 같이 자석에 잘 붙는 물질을 강자성체라고 해요. 강자성체는 외부 자기장과 같은 방향으로 원자 자석들이 정렬되어 자기화되지요. 그리고 외부 자기장을 제거한 후에도 자석의 성질을 오랫동안 유지하는 성질을 가지고 있어요. 이러한 강자성체의 성질은 전자석, 영구 자석, 나침반을 만들 때 활용합니다.

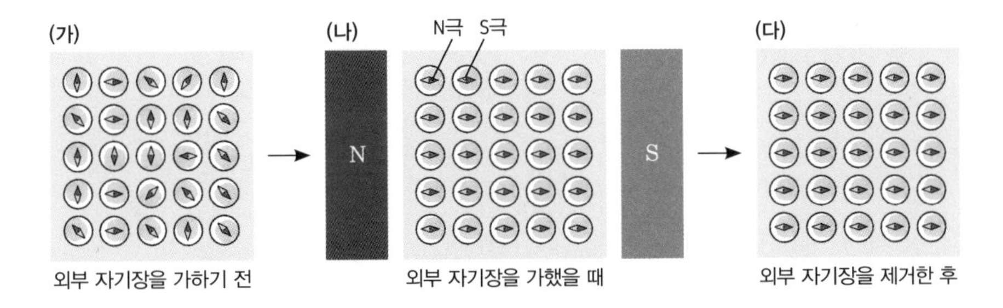

알루미늄, 종이, 액체 산소와 같이 약하게 끌려오는 물질을 상자성체라고 해요. 외부 자기장이 생기면 원자 자석들은 외부 자기장과 같은 방향으로 약하게 정렬되면서 자기화되거든요. 그래서 아주 강한 자석이 있을 때만 약한 힘으로 당겨지면서 붙기 때문에, 자석에 붙지 않는다고 알려진 물질이 여기에 속해요. 그리고 외부 자기장을 제거하면 즉시 자석의 성질을 잃어버리는 성질을 가지고 있어요.

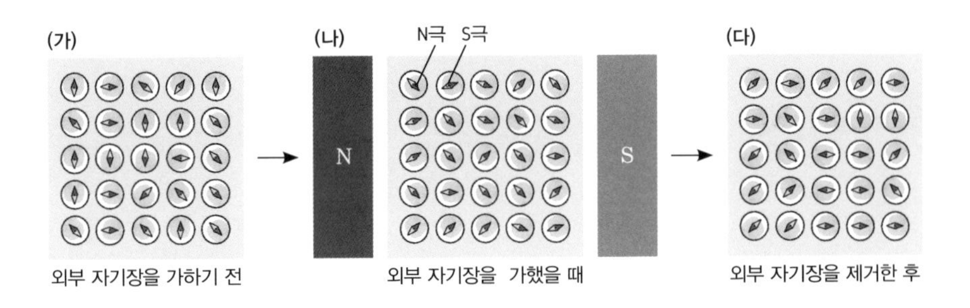

유리, 구리, 물과 같이 약하게 밀려나는 물질을 반자성체라고 불러요. 외부 자기장에 대해 반대 방향으로 약하게 자기화되죠. 그래서 반자성체는 외부 자석이 있으면 밀어내는 성질을 가지고 있어요. 그리고 외부 자기장을 제거하면 즉시 자성의 성질을 잃어버리는 성질을 가지고 있답니다.

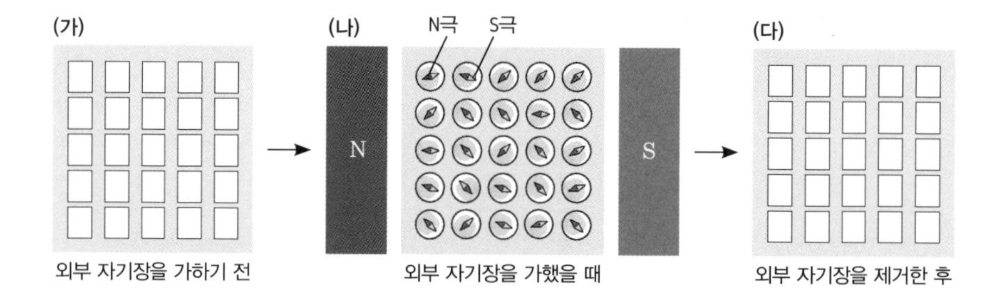

3

스마트폰 무선 충전의 원리, 전자기 유도

어느 날 갑자기 지구에서 전기가 사라져 버린다면 인간의 생활은 어떻게 달라질까요? 생각만 해도 답답하고 앞날이 깜깜해요. 그만큼 우리에게 전기는 너무 소중하고 아껴서 사용해야 할 에너지입니다.

그래서 이번엔 동이와 대성이가 전기를 만드는 탐구 실험을 준비해요. 발전기를 만드는 데 필요한 재료로 두 사람 모두 에나멜선과 자석을 선택했어요. 앞에서 전동기를 만들 때 사용했던 재료와 같네요.

동이와 대성이는 아마도 이런 생각에서 자석과 에나멜선을 재료로 선택했을 거예요. '전류가 흐를 때 자기장이 생긴다면, 반대로 자기장에 의해서 전류가 생기지는 않을까?' 그래서 먼저 자석에 의해서 전류가 생길 수 있는지 확인하는 실험을 시작해요.

첫 번째는 검류계가 연결된 코일의 위에서 자석을 가만히 잡고 검류계의 바늘이 움직이는지 확인하는 실험이에요. 자석이 움직이지 않고 가만히 있을 때는 검류계 바늘도 움직이지 않고 0A를 가리키고 있네요.

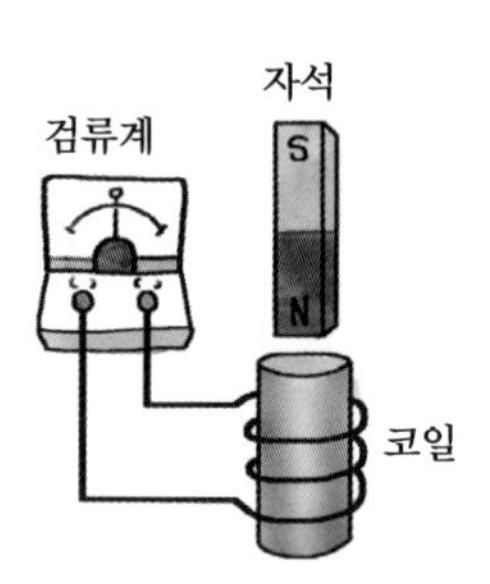

이게 어떻게 된 일일까요? 전류가 흐르면 자기장이 발생하는 걸 분명히 확인했는데, 자기장에 의해서는 전류가 생기지 않아 바늘이 움직이지 않는 걸까 곰곰이 생각하던 동이가 갑자기 소리쳐요.

"맞아!! 전류는 전하가 움직이는 거지! 전하가 가만히 정지해 있다면 전기장은 생기겠지만 자기장은 안 생기는 거야. 전하가 움직일 때만 자기장이 발생하니까 자석이 정지해 있지 않고 움직인다면 전류가 발생하지 않을까?"

동이는 서둘러 두 번째 실험으로 자석을 아래 방향으로 움직여 봅니다. 역시나 예상대로 자석이 아래로 움직일 때 전류계의 바늘도 함께 움직이고 있어요.

이와 같이 코일 내부를 통과하는 자기 선속이 변할 때 코일에 전류가 흐르게 되는 현상을 전자기 유도라고 합니다. 전자기 유도 현상에 의하여 발생하는 전압은 유도 기전력이라고 하며, 이때 흐르는 전류는 유도 전류라고 해요.

신기하다는 듯 실험을 지켜보던 대성이가 자기도 해보고 싶다며 갑자기 자석을 낚아채며 위로 들어 올리네요. 그 순간 검류계의 눈금이 자석이 내려올 때와는 반대 방향으로 이동했어요. 자석이 코일과 가까워질 때는 검류계 바늘이 오른쪽으로 움직이고, 멀어질 때는 왼쪽으로 움직여요.

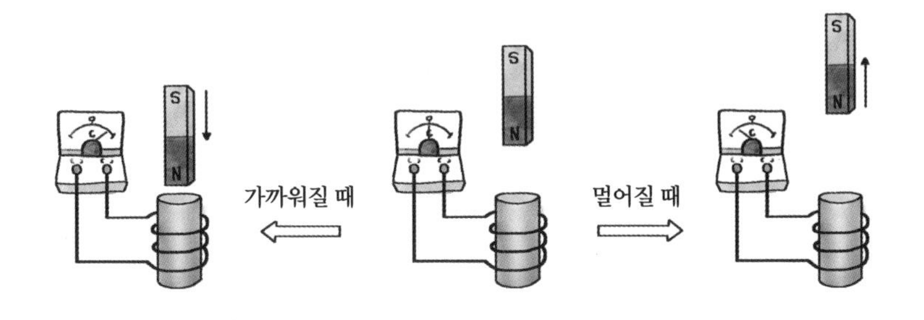

이번에는 대성이가 자석의 극을 바꾼 후 코일에 가져갑니다. 그랬더니 앞의 실험과는 반대로 가까워질 때는 왼쪽으로 움직이고, 멀어질 때는 오른쪽으로 움직입니다.

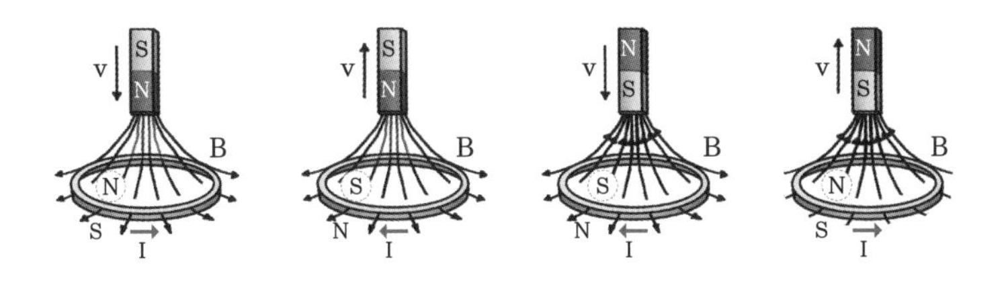

위와 같은 실험 결과는 렌츠의 법칙으로 설명할 수 있어요. 렌츠의

법칙은 유도 기전력과 유도 전류는 자기 선속의 변화를 방해하는 방향으로 발생한다는 것입니다. 즉, 유도 전류가 만드는 유도 자기장의 방향을 보면, N극이 가까워지는 것을 방해하기 위해 유도 자기장은 위쪽에 N극이 생겨서 밀어내려고 해요.

반대로 N극이 멀어지는 것을 방해하기 위해 유도 자기장은 위쪽에 S극이 생기면서 잡아당겨요. 자기 선속이 증가하면 증가하지 못하도록 하고, 약해지면 약해지지 못하도록 하는 것입니다. 이건 마치 하라고 하면 하기 싫어하고 하지 말라고 하면 더 하고 싶어 하는 청개구리 심보와 같네요.

실험을 유심히 지켜보던 동이는 한 가지 새로운 관찰 결과를 말합니다. "아까 대성이가 자석을 갑자기 낚아챌 때 검류계의 눈금이 천천히 가까워지고 있을 때보다 훨씬 큰 값이 나왔어. 그건 같은 자석을 가지고 유도 전류를 만들 때, 상대적인 운동 속도가 크면 유도 전류도 커진다는 거 아닐까?"

동이의 관찰 결과와 같이 시간에 따른 자속의 변화가 클수록 유도 전류도 커진다는 내용이 바로 패러데이 법칙입니다. 유도 기전력의 크기(V)는 코일의 감은 수(N)가 많을수록 크고, 시간에 따른 자속의 변화율($\Delta\Phi/\Delta t$)이 클수록 커요. 그리고 (-)부호는 렌츠의 법칙을 포함하는 것으로, 방해하는 방향을 의미해요.

패러데이 법칙

$$V = -N\Delta\Phi / \Delta t$$

(단위: V)

유도 기전력을 크게 하려면 자성이 강한 자석을, 감은 수가 많은 코일에 빠르게 운동시키면 됩니다. 발전기를 만들 때 필요한 물리 개념을 배운 동이와 대성이는 함께 만든 교류 발전기를 공개해요. 교류 발전기는 코일의 두 선이 브러시와 연결되는 부분에서 슬립링으로 되어있어요.

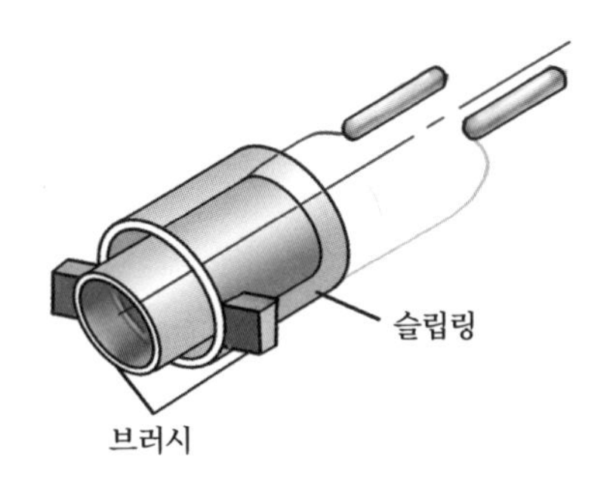

전자기 유도 현상은 교통카드에 전류를 흐르게 할 때 사용하고 있어요. 그리고 미래 자동차로 관심받는 하이브리드 자동차에서도 브레이크를 밟을 때 손실되는 에너지를 발전기에 연결된 코일을 회전시키도록 해 배터리에 저장합니다.

Point
잡기

• **전류에 의한 자기 작용**

전류가 흐르는 직선 도선 주위에 나침반을 놓아두면 도선 주위에 생긴 자기장에 의해 자침이 회전해요. 엄지손가락이 전류의 방향을 향하도록 감아쥐면, 나머지 네 손가락이 자기장의 방향이에요.

• **자기장의 세기**

직선 도선에 의한 자기장의 세기는 전류의 세기에 비례하고, 직선 도선으로부터의 수직 거리에는 반비례해요. 솔레노이드에 의한 자기장의 세기는 전류의 세기가 클수록, 코일을 촘촘하게 감을수록 커져요.

• **자기력**

자기장 속에서 전류가 받는 힘을 뜻해요. 오른손을 폈을 때, 엄지손가락은 전류의 방향, 네 손가락이 자기장의 방향, 손바닥은 자기력의 방향이에요. 자기력의 크기는 자기장의 세기, 전류의 세기, 자기장 속에 있는 도선의 길이에 비례해요.

• **자성**

철, 니켈, 코발트와 같이 자석에 잘 붙는 물질을 강자성이라고 해요. 알루미늄, 종이와 같이 자석에 약하게 붙는 물질을 상자성이라고 해요. 구리, 유리, 물과 같이 자석으로부터 약하게 밀리는 물질을 반자성이라고 해요.

• **전자기 유도**

코일 내부를 통과하는 자기 선속의 변화에 의해 전류가 흐르는 현상을 말해요. 이때 흐르는 전류를 유도 전류라 하고, 자기 선속의 변화를 방해하는 방향으로 흘러요.

• **패러데이 전자기 유도 법칙**

유도 전류의 세기는 코일의 감은 수와 코일 내부를 통과하는 자기 선속의 변화량에 비례하고, 시간에는 반비례해요.

Quiz

01 그림과 같이 전압이 같은 두 전원 장치에 저항값이 같은 저항 R_1, R_2와 p-n 접합 다이오드를 연결하여 회로를 구성했다. X와 Y는 p형 반도체와 n형 반도체를 순서 없이 나타낸 것이다. 점 c에 흐르는 전류의 세기는 스위치 S를 a에 연결했을 때가 b에 연결했을 때보다 크다. 그렇다면 X는 p형 반도체일까, n형 반도체일까? 수능기출응용

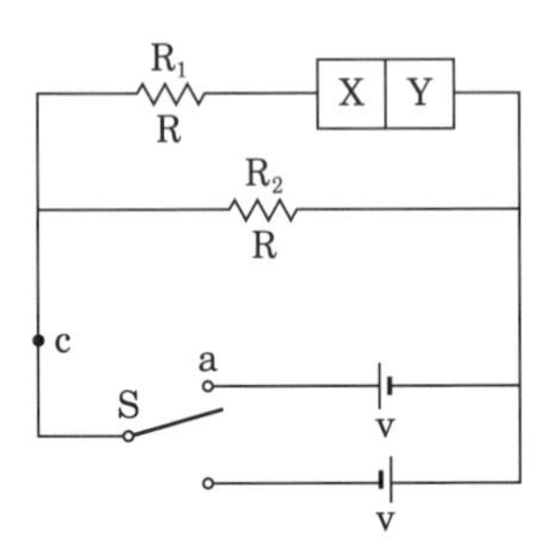

02 그림은 빗면을 따라 내려온 자석이 마찰이 없고 수평인 직선 레일을 따라 솔레노이드를 통과하는 것을 나타낸 것이다. a, b는 고정된 솔레노이드의 중심에서 같은 거리만큼 떨어진 중심축 상의 점이다. 저항에 흐르는 유도 전류의 세기는 자석이 a를 지날 때와 b를 지날 때 중 언제가 더 클까? (단, 자석의 크기는 무시한다) 수능기출응용

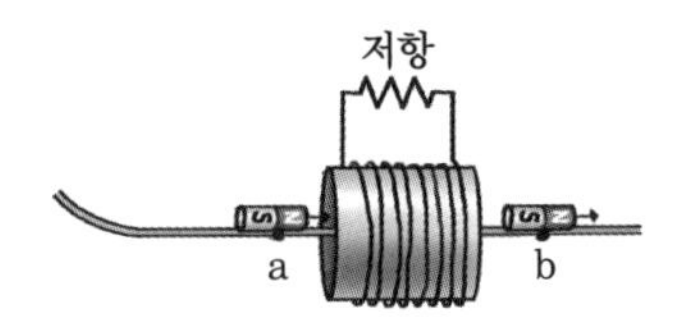

1. 먼저, 저항 R_1을 하나만 연결했을 때와 두 개를 병렬로 연결했을 때 합성 저항은 어느 쪽이 더 클지 알아본다. $1 / R = 1 / R_1 + 1 / R_1$. 따라서 합성 저항 $R = R_1 / 2$가 된다. 즉, 저항 두 개가 병렬로 연결되면 저항값이 작아진다.
스위치를 a에 연결했을 때 전류의 세기가 큰 이유는, 전압이 일정한데 저항값이 작아졌기 때문이다. 또한, 다이오드와 직렬로 연결된 R_1의 저항에 전류가 흐르면 R_2와 병렬로 연결되면서 합성저항이 작아진다.
다이오드의 P형 반도체가 건전지의 (+)극, N형 반도체가 건전지의 (-)극과 연결되었을 때 전류가 흐르고, 이때를 순방향의 전압이 걸렸다고 한다. 따라서 (+)극에 연결된 X는 p형 반도체이다.

2. 빗면을 내려온 자석이 a점을 지나갈 때 자기장의 변화를 방해하는 방향으로 생긴 유도 자기장의 방향은 (가)와 같고, b점을 지나갈 때 유도 자기장의 방향은 (나)와 같다.

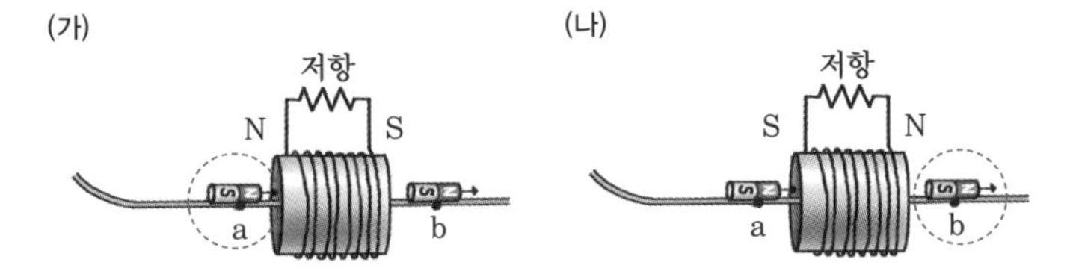

유도 기전력은 $V = -N\Delta\Phi / \Delta t$으로 나타낸다. 솔레노이드와 자석은 변화가 없다. 하지만 a점을 통과할 때와 b점을 통과할 때 자석의 속력이 다르기 때문에, 시간에 대한 자속은 달라진다. 자석이 a점을 통과할 때 유도 자기장에 의해 척력을 받으므로, 운동 방향과 힘의 방향이 반대여서 속력이 감소한다. 따라서 $\Delta\Phi/\Delta t$가 a점을 지날 때가 더 크므로, 유도 전류의 세기는 a점을 지날 때가 b점을 지날 때보다 크다.

Chapter

6

파동의 성질

물리학의 거장인 아이작 뉴턴은 빛이 광원에서 모든 방향으로 방출되는 입자로 구성되어 있다는 가설을 주장합니다. 뉴턴은 백색광이 프리즘에 의해 분해되는 스펙트럼 현상을 입자로 설명할 수 있다고 했어요. 각각의 색에 해당하는 서로 다른 크기의 빛 입자가 존재하고, 그 입자가 각각의 진동수에 해당하는 진동을 일으켜 색을 만든다고 설명해요. 1704년에 뉴턴은 광학 이론을 집대성한 ≪광학Optiks≫을 출판하고, 과학계에서는 그의 명성으로 인해 빛의 입자설을 정설로 받아들여요.
1690년 호이겐스는 빛이 교차할 때 서로에게 영향을 주지 않고 투과한다는 이유로 파동설을 주장합니다. 만약에 빛이 입자라면 충돌할 때 반드시 영향을 주어서 흐트러져야 하기 때문이에요. 하지만, 뉴턴의 명성에 밀려서 빛의 파동설은 한동안 지지를 받지 못해요. 19세기에 토마스 영이 '빛의 간섭 실험'을 발표하면서 빛의 입자설에 대한 강력한 반론이 등장합니다.
그럼 지금부터 파동의 성질에 대해 자세하게 알아볼게요.

1

물의 깊이는 건너 봐야 알아요, 파동의 굴절

지금부터 다양한 소리를 발생시켜 볼게요. "아~ 아~" "툭툭" "탕탕" "난~ 알아요!!" "오빤~ 강남 스타일!!" 등등 다양한 방법으로 소리를 낼 수 있어요. 주변의 물건을 두드리거나, 목소리를 이용하거나, 악기를 연주하는 것과 같이 여러 가지 방법으로 소리를 냅니다.

주변에서 들을 수 있는 소리의 공통점은 바로 물체의 흔들림 또는 떨림이라고 하는 진동이 발생한다는 거예요. 목소리를 낼 때는 성대가 떨리고, 책상을 두드리면 책상에 진동이 발생하며, 현악기에서도 줄에 진동이 발생합니다. 그렇게 발생한 진동이 매질에 의해 널리 퍼져 나가 우리 귀에 들어오면 '소리'로 인식해요. 이때 매질은 제자리에서 진동만 할 뿐 파동과 함께 이동하지는 않는 특성을 가집니다.

파동이 전달되는 속력(v)은 파장(λ)과 주기(T), 진동수(f) 사이의 관계로 나타내요. 파동의 속력은 역학에서의 속력과 같이, 파동이 이동한 거리를 걸린 시간으로 나누어 주면 구할 수 있어요. 파동은 한

주기라는 시간 동안 한 파장의 거리를 진행하므로, 파동의 속력은 다음과 같이 나타낼 수 있습니다.

$$v = \frac{\lambda}{T} = f\lambda$$

첫 번째로 소리를 이용한 실험 탐구는 동이와 대성이가 함께 준비합니다. 매질의 종류와 상태에 따라 전달되는 소리의 속력이 달라지는지 알아보는 실험이에요. 1km 정도 떨어진 거리에 있는 상대방에게 소리를 전달하려고 할 때, 매질의 종류와 상태를 다양하게 선택할 수 있어요.

다음 표 중에서 선택을 한다면 어떤 매질에서 소리의 속력이 가장 빠를까요?

기체	액체	고체
20℃ 산소	20℃ 물	20℃ 구리

대성이는 고체 상태인 20℃ 구리를 선택하고, 동이는 기체인 20℃ 산소를 선택해요. 누구의 소리가 먼저 전달될까요? 결과는 고체 상태인 20℃ 구리를 선택한 대성이의 승리예요!

소리가 전달될 때의 속력은 매질의 종류와 상태에 따라 달라져요. 기체와 같이 매질을 구성하는 분자 간의 거리가 멀수록 소리 에너지의 전달 속력이 느려요. 고체와 같이 매질을 구성하는 분자 간의 거리가 가까우면 전달 속력이 빨라요. 따라서 매질이 기체 상태일 때보다 고체 상태일 때 소리의 속력이 더 빠릅니다.

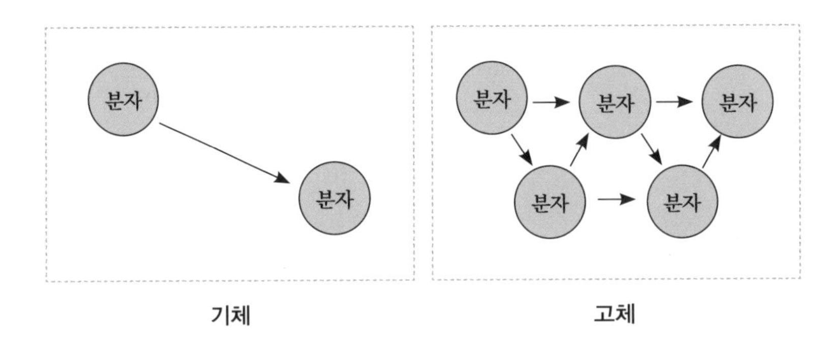

매질에 따른 소리의 속력

$V_{고체} > V_{액체} > V_{기체}$

그렇다면 매질의 종류는 산소 기체로 같고 온도가 0℃와 20℃로 다르다면, 소리의 속력은 몇 도일 때 더 빠를까요? 기체의 온도가 높아지면 열 에너지가 많아지기 때문에 분자의 운동성이 활발해집니다. 전달 역할을 하는 매질 분자의 속도가 빨라지면 소리의 속력도 빨라져요. 결론적으로 20℃인 산소 기체에서 소리의 속력이 더 빠르겠네요.

매질이 기체 상태일 때는 소리의 속력을 결정하는 요인이 하나 더 있어요. 바로 기체의 분자량입니다.

온도가 같다면, 기체의 분자량은 적을수록 매질이 더 빨리 움직여서 소리의 속력도 빨라져요. 0℃에서 산소와 헬륨의 소리의 속력을 비교하면, 분자량이 큰 산소는 317m/s, 분자량이 적은 헬륨은 972m/s이에요. 헬륨 기체를 마신 후에 말을 하면 목소리가 변하는 이유가 바로 소리의 속력이 빨라지기 때문입니다.

두 번째로 빛을 이용한 탐구 실험은 거울을 이용합니다. 거울 앞에 선 아기나 동물들의 모습을 관찰해 보면, 거울에 비친 모습을 처음 봐서 어리둥절해하고 신기하다는 듯 보는 표정이 귀엽죠. 거울에 비친 자신의 모습을 인지하는 능력을 '대칭인지'라고 하는데, 인간은 2살 때부터 알 수 있어요. 그리고 침팬지와 보노보 같은 높은 수준의 유인원에서도 확인되는 인지 능력입니다. 대성이와 동이는 먼저, 어떻게 거울에서 내 모습을 볼 수 있는지 알기 위해 반사의 법칙을 공부하기로 했어요.

반사의 법칙은 파동이 진행하다가 다른 매질을 만났을 때 그 경계면에서 파동이 처음의 매질로 되돌아 나오는 현상을 말해요. 거울로 나를 보는 건 빛이 공기 중에서 진행하다가 거울의 경계면을 만나 다시 공기로 되돌아 나오는 빛을 보는 거예요. 빛이 거울의 경계면으로 들어갈 때의 입사각이 나올 때의 반사각과 같다는 게 바로 반사의 법칙입니다. 빛이 반사되어도 매질에는 변화가 없으므로 빛의 속력, 진동수, 파장은 변화가 없어요.

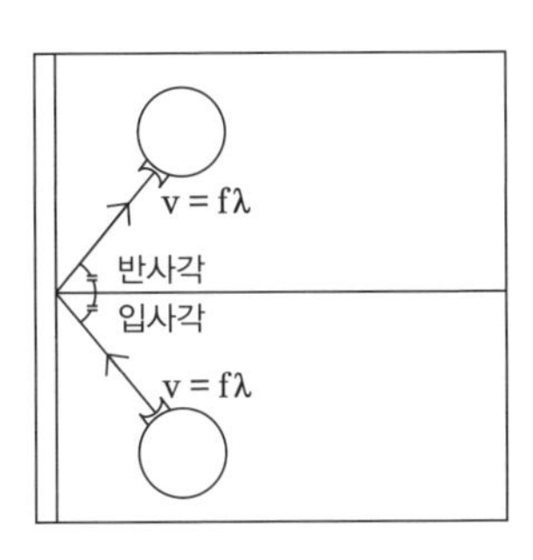

그렇다면 반사는 모든 경계면에서 일어날까요? 매질의 경계면에서 빛이나 소리가 반사되지 못할 때는 없을까요? 일부는 반사되고 일부는 경계면을 통과해서 들어가는 경우가 있어요. 파동이 경계면을 비스듬히 통과해 다른 매질로 들어가면서 진행 방향이 꺾이는 현상을 굴절이라고 합니다. 파동이 경계면을 비스듬히 통과할 때 굴절 현상이 일어나는 이유는 바로 매질이 바뀌면서 파동의 속력이 달라지기 때문이에요.

그렇다면 파동이 굴절하는 방향은 어느 방향일까요? 입사하는 파동이 법선과 이루는 각을 입사각이라 하고, 굴절하는 파동이 법선과 이루는 각을 굴절각이라고 합니다. 다음 그림 (가)와 같이 파동의 속력이 빠른 매질에서 느린 매질로 진행할 때, 법선에 가까워지는 방향으로 굴절하므로 굴절각이 입사각보다 작아요. 반대로 (나)와 같이 파동의 속력이 느린 매질에서 빠른 매질로 진행할 때는 법선에서 멀어지는 방향으로 굴절하므로 굴절각이 입사각보다 큽니다.

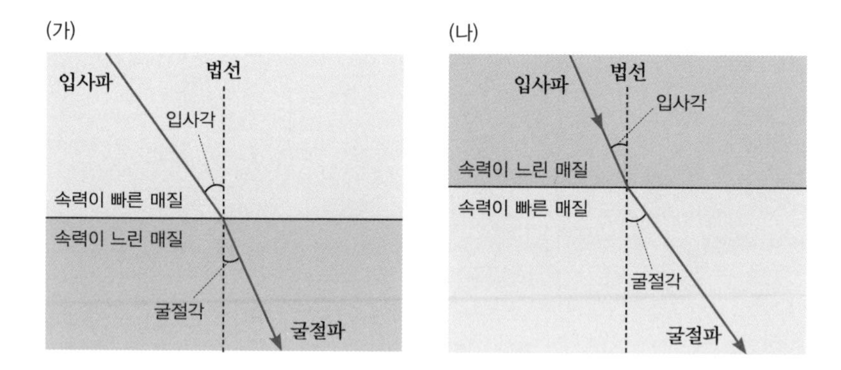

굴절을 공부하던 대성이가 여름에 물놀이를 즐길 때 생겼던 궁금증을 이야기하네요.

대성이: 계곡이나 수영장에서 물이 보이는 것보다 더 깊다는 주의를 듣는데, 그 이유가 뭘까?

동　이: 나도 물이 담긴 유리컵에 빨대가 꺾여 보이는 이유가 궁금했어.

대성이: 소리의 속력은 매질이 고체일 때가 기체일 때보다 빠르다고 공부했었잖아. 그렇다면 빛은 어떤 매질에서 속력이 더 빠를까? 이걸 알면 해답을 찾을 수 있을 것 같아!

빛의 속력은 진공에서 약 3×10^8m/s로 가장 빠르고, 기체에서는 조금 느려지고, 물이나 유리와 같은 매질에서는 매우 느려집니다. 그리고 빛의 굴절은 눈이 나쁜 사람들이 사용하는 안경 렌즈를 설명할 때도 등장해요. 빛은 매질이 공기에서 렌즈로 바뀌면 속력이 느려지고, 입사각보다 굴절각이 작아집니다. 반대로 렌즈에서 공기로 매질이 바뀌면 속력이 빨라져서 입사각보다 굴절각이 커져요. 굴절의 법칙에 따라 볼록 렌즈는 평행하게 입사한 빛이 모이고, 오목 렌즈는 평행하게 입사한 빛이 퍼집니다.

소리와 같이, 빛도 같은 매질의 온도에 따라 밀도가 변하기 때문에 속력이 달라져요. 온도가 높아지면 밀도가 작아져서 빛이 빠르게 진행하고, 온도가 낮아지면 밀도가 높아지기 때문에 빛이 느리게 진행해요.

사막이나 아스팔트 도로에서 지면에 가까이 있는 공기는 복사열에 의해 온도가 높고, 위쪽에 있는 공기는 상대적으로 온도가 낮죠? 그래서 지면에 비스듬히 입사한 빛이 위쪽으로 굴절되어 바닥에 물이 고여 있는 것처럼 착각하는 신기루 현상이 나타나는 거랍니다.

소리의 굴절과 관련된 우리나라의 속담이 하나 있어요. 바로 '낮말은 새가 듣고 밤말은 쥐가 듣는다'입니다. 낮에는 태양 때문에 지면이 뜨겁고 지면에서 멀어질수록 상대적인 온도가 낮아요. 따라서 소리가 아래쪽에서 위쪽으로 향할 때는 지면에 가까울수록 속력이 빠르기 때문에 입사각보다 굴절각이 작아요. 그래서 낮에는 소리가 위로 휘어지기 때문에 새가 듣기에 좋겠죠.

반대로 밤에는 지면이 빨리 식어버리기 때문에 아래쪽의 온도가 위쪽보다 낮아지고, 소리가 위쪽으로 향할 때 입사각보다 굴절각이 커지기 때문에 아래로 휘어집니다. 그래서 밤말은 쥐가 듣는 거예요.

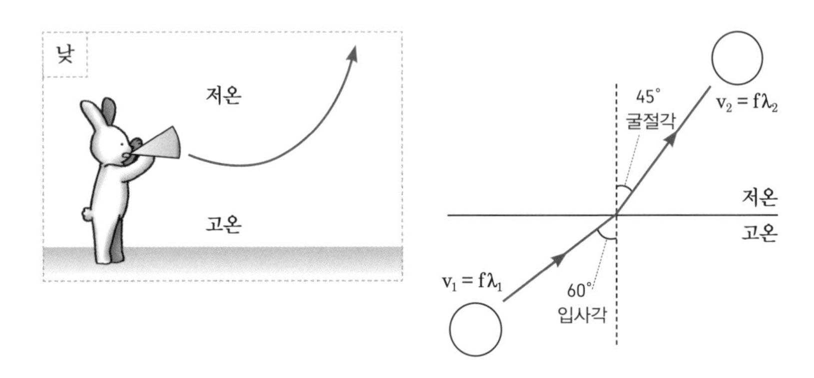

2

메가패스에서 기가패스로 광케이블, 전반사

대성이: 아~ 90년대 집에서는 전화선을 연결해서 PC 통신을 했었는데! PC 통신을 하고 있으면 집 전화는 불통이 되고~ 어김없이 들려오는 엄마의 폭풍 잔소리가 있었지.

동 이: 맞아. 1MB도 안 되는 사진 한 장을 보려면 몇 분이나 걸렸어. 많은 사람들이 PC 통신으로 나우누리나 천리안, 유니텔 같은 곳을 이용해서 채팅을 주로 했었지.

대성이: 2000년에 초고속 인터넷, 광케이블이라는 단어가 등장하면서 엄청난 속도로 빨라지더니, 지금은 1GB가 넘는 동영상을 다운받는 데 1분도 채 걸리지 않다니 너무 좋아진 거지.

동 이: 맞아. 인터넷 속도가 빨라진 이유는 광섬유를 이용한 광통신이 가능해졌기 때문이야.

빛이 한 매질에서 다른 매질로 진행할 때는 반사와 굴절 현상이 동시에 일어납니다. 그러나 특정 조건에서는 굴절이 일어나지 않고 모두 반사될 때가 있는데, 이를 전반사라고 해요.

전반사가 일어날 수 있는 첫 번째 조건은 빛의 속력이 느린 매질에서 빠른 매질로 진행되는 거예요. 빛이 물에서 공기 중으로 진행할 때와 같이 굴절각이 입사각보다 클 때 가능해요. 두 번째는 굴절각이 90도가 되는 순간의 입사각인 임계각보다 입사각이 커지면, 빛이 굴절되지 않고 전부 반사되는 전반사 현상이 일어나요.

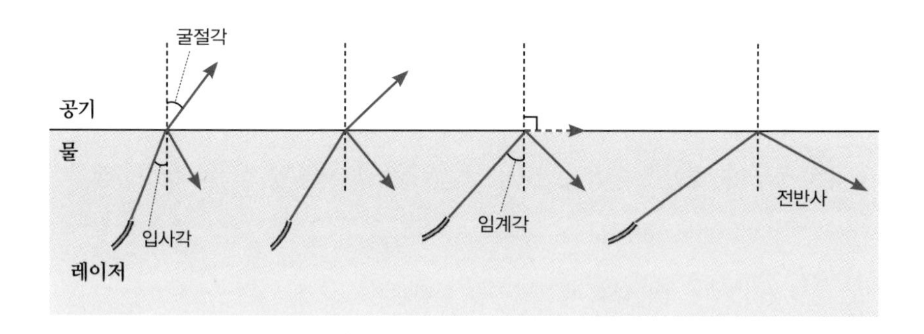

광통신은 음성, 영상 등과 같은 신호를 전기 신호로 전환한 후, 발광 다이오드나 레이저를 이용하여 빛 신호로 전환합니다. 빛 신호가 광섬유를 통해서 멀리까지 전달되면 수신기의 광 검출기에서 전기 신호로 전환하여 음성, 영상 등을 재생해요.

광섬유의 구조를 살펴보면 빛을 전송시킬 수 있는 투명한 유리 섬유 소재의 코어가 있어요. 중앙에 있는 코어를 클래딩이 감싸고 있는 원기둥 모양입니다. 광섬유의 코어에서 빛이 진행하는 속력은 클래딩보다 느려요. 그래서 코어 속으로 빛을 입사시키면 경계면에서 전반사가 일어나면서 클래딩으로 빠져나오지 못하고 코어를 따라 진행할 수 있어요.

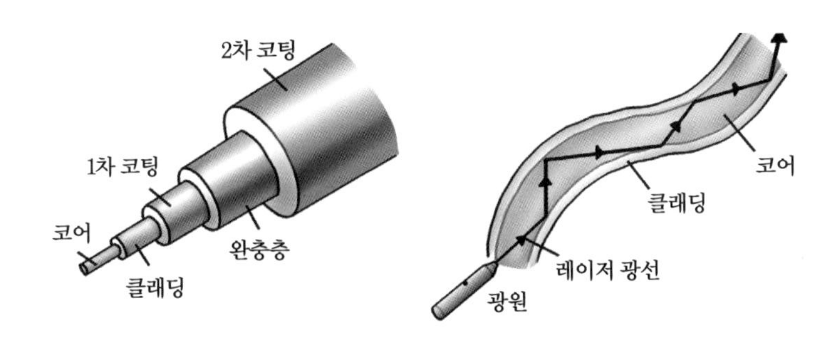

광섬유를 이용한 광통신은 PC 통신에 사용하던 구리 도선을 이용한 방식보다 장점이 많아요. 외부 전자기파의 간섭을 받지 않아서 잡음이나 혼선 없이 동시에 많은 양의 정보를 전달할 수 있습니다. 그리고 에너지 손실이 적고 증폭기를 설치하는 구간이 길어서, 먼 거리의 초고속 정보 통신망에 대부분 사용되고 있어요.

3

전자기파 좋은 거니? 나쁜 거니?

전화기, PC 통신, 핸드폰이 없던 옛날에는 어떤 방식으로 의사소통할 수 있었을까요? 가장 대표적인 것이 봉수대입니다. 봉수대란 조선시대 군사 통신 제도로, 높은 산꼭대기에서 봉화를 피워 올릴 수 있도록 한 장치에요. 낮에는 연기, 밤에는 횃불로 급보를 중앙에 전달하고, 주변 지역에도 정보를 알려 주는 역할을 해요. 연기나 횃불을 보는 것은 시각적인 정보인 빛을 이용하는 방법이죠.

지금도 우리는 정보를 전달하고 얻기 위해 대부분 빛과 같은 전자기파를 사용하고 있어요. 과거에 사용하던 방법과 지금 사용하는 방법의 공통점과 차이점은 무엇인지 알아볼게요.

대성이가 요즘 가족 여행의 필수 아이템이라며 무전기를 꺼내 들고 자랑하기 시작하네요.

대성이: 아무리 스마트폰이 좋아도 산속에 들어가서 안테나가 잡히지 않으면 말짱 도루묵이지.

동 이: 그렇지~ 이 무전기가 있으면 아주 먼 거리만 아니라면 서로의 위치와 안부를 확인할 수 있겠네. 필요한 게 있으면 무전기를 통해서 전달할 수도 있겠어.

대성이: 쌍방향으로 의사소통하기 위해 무전기가 전자기파를 사용하고 있어.

동 이: 그러고 보니 무전기는 전자기파를 발생시켜서 상대방에게 보내기도 하고 상대방의 전자기파를 수신해서 들려주기도 하네. 어떻게 이런 게 가능할까?

전자기파는 파장에 따라 특성이 다른 여러 종류가 있습니다. 파장이 짧은 영역부터 감마선, X선, 자외선, 가시광선, 적외선, 마이크로파, 전파로 구분하죠. 흔히 빛이라고 말하는 가시광선은 사람의 눈으로 감지할 수 있는 전자기파이며, 파장은 약 380~770nm정도예요.

전자기파는 전기장과 자기장이 시간에 따라 진동하면서 공간을 퍼져 나가는 파동이며, 매질이 없어도 진행할 수 있는 특징이 있어요. 전자기파는 전기장과 자기장의 진동 방향이 서로 수직이고, 두 장의 진동 방향과 수직인 방향으로 진행하는 횡파입니다.

전자기파는 진공에서 가장 빠르며, 파장과 관계없이 모두 빛의 속력과 같은 약 30만km/s의 속력으로 진행해요. 전자기파의 속력을

c라고 할 때 전자기파의 진동수 f와 파장 λ 사이에 다음과 같은 관계가 성립합니다.

$$c = f\lambda$$

생활용 무전기에 이용되는 전자기파는 극초단파인 UHF라고 보통 부르며, 파장은 10~100cm 영역에 해당해요. 파장이 더 길수록 전문가나 군사 목적으로 사용되고, 전파 등록을 해야만 사용할 수 있어요.

전자기파의 파장이 길수록 회절(장애물 때문에 파장 일부가 차단되었을 때, 장애물의 그림자 부분까지도 파동이 전파하는 현상)이 잘 일어나기 때문에 장애물이 있어도 뒤쪽까지 전달할 수 있어요. 그래서 건물 또는 산과 같은 곳에서는 파장이 긴 극초단파가 수신이 잘 돼요.

4

존재감을 키우는 간섭, 존재감을 없애는 간섭

탐구 활동을 열심히 하던 동이와 대성이는 세상에서 가장 좋아하는 것을 동시에 외치기로 합니다. "하나~ 둘~ 셋~!! 물리학!" 동시에 같은 말을 외친 동이와 대성이는 놀라움과 반가움을 감추지 못하고 하이파이브를 했어요.

즐거운 물리학에 대해 수다를 떨기 시작하자, 점점 흥이 오르고 목소리가 더욱 커지고 있어요. 사람이 많은 교실이나 카페에서도 작게 시작된 말소리가 점점 커지면서 나중에는 정신이 없을 정도로 시끄러운 경험을 해 본 적이 있죠? 그렇다면 사람이 많아지면서 말소리가 더해지면 무조건 소리가 커지기만 할까요?

동　이: 그래~ 둘 이상이 만나서 수다를 떨면 소리가 커지겠지. 혼자 있을 때보다는 둘 이상이 만나면 어떤 식으로든 소리가 충돌하게 될 테니까.

대성이: 그렇겠지~ 사람도 때로는 누군가와 만나면 말을 하면서 힘을 얻을 수 있잖아. 물론 간섭이 귀찮아서 기운이 빠질 때도 있긴 하지만.

동 이: 그러고 보니 혹시 누군가와 대화하면서 기운이 빠지거나 힘을 얻을 때가 있는 것처럼, 소리도 커지거나 작아질 때가 있는 건 아닐까?

두 파동이 진행하다가 만나서 겹치는 현상을 중첩이라고 하고, 중첩된 파동을 합성파라고 합니다. 같은 방향으로 진동하는 두 파동이 중첩되면 진폭은 커지고, 반대 방향으로 진동하는 두 파동이 중첩되면 진폭은 작아져요. 이때 합성파의 변위가 두 파동의 변위를 합한 것과 같아지는 것을 중첩 원리라고 해요.

중첩된 파동은 중첩되기 전의 파형을 그대로 유지하면서 원래의 방향으로 계속 진행합니다. 이처럼 파동이 중첩되어도 서로 영향을 주지 않고 원래의 파형을 유지하면서 진행하는 성질을 파동의 독립성이라고 해요.

역학에서 공부했던 입자의 경우는 충돌하고 나면 운동 상태가 처음과 달라지는 성질을 가지고 있어서, 파동의 독립성과는 대조적인 성질을 가지고 있어요. 이처럼 파동의 중첩 원리와 독립성은 입자와 구별되는 파동만이 가지는 특별한 성질입니다.

둘 이상의 파동이 만나서 중첩되면 진폭이 변하는 현상인 파동의 간섭이 일어나요. 같은 방향으로 진동하는 두 파동이 만나면 진폭이 커지는 보강 간섭이 일어나고, 반대 방향으로 진동하는 두 파동이 만나면 진폭이 작아지는 상쇄 간섭이 일어납니다.

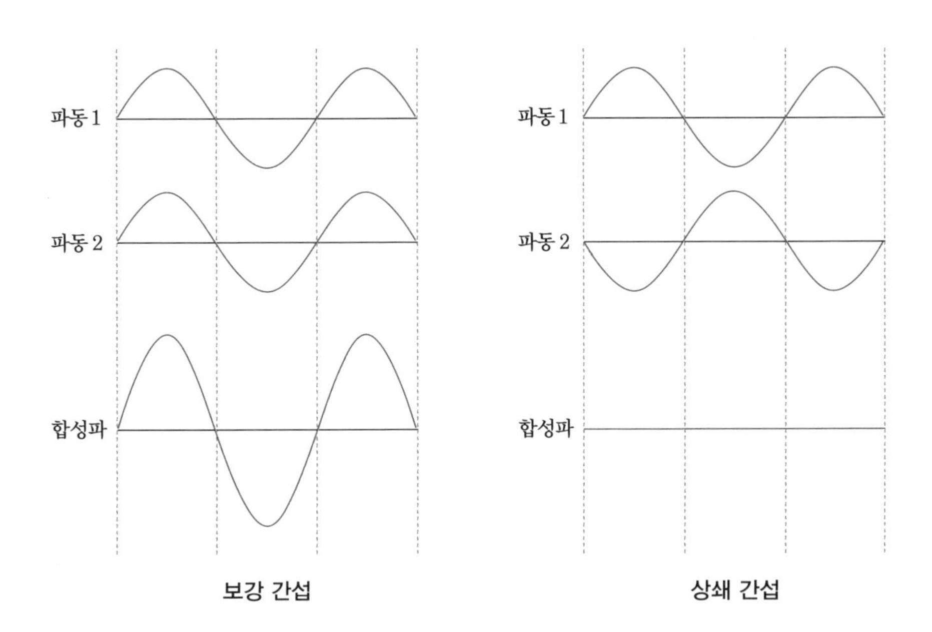

파동의 중첩에 대해 탐구하던 동이가 물결파 투영 장치를 이용한 간섭 실험을 준비합니다. 물결파 투영 장치의 두 파원이 파장과 진폭이 같은 물결파를 동시에 지속해서 발생시키면서 나타나는 간섭무늬를 관찰해요. 무늬의 밝기가 변하는 지점이 있고, 밝기가 변하지 않는 지점이 있어요.

두 파원에서 발생한 물결파의 마루를 실선으로 표현하고, 골을 점선으로 나타냅니다. 두 파동의 마루와 마루가 만났을 때 진폭이 커지는 보강 간섭이 일어나서 밝게 보이는 지점이 있어요. 또한, 골과 골이 만났을 때 진폭이 커지는 보강 간섭이 일어나서 어둡게 보이는 지점도 있어요.

보강 간섭이 일어나는 곳은 물결파가 전달되면서 진폭이 달라지므로 밝아졌다 어두워지기를 반복해요. 이처럼 보강 간섭이 일어나는 지점은 두 파원으로부터 경로 차가 한 파장, 두 파장, 세 파장…인 곳이므로, 경로 차가 반파장의 짝수 배가 돼요.

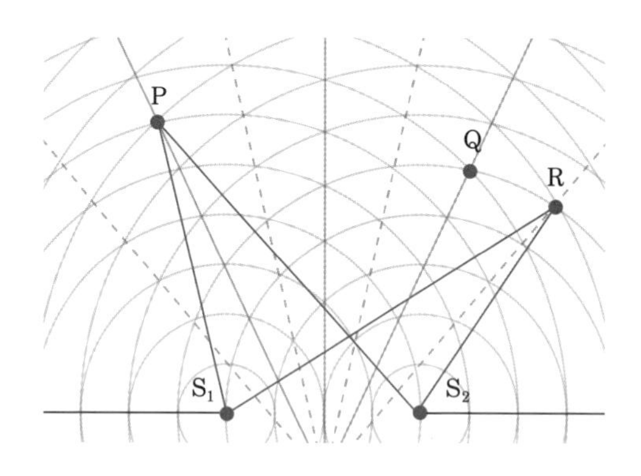

두 파동의 마루와 골이 만나면 진폭이 작아지는 상쇄 간섭이 일어나는 지점도 있어요. 상쇄 간섭이 일어나는 지점은 수면이 거의 진동하지 않아서 밝기가 변하지 않죠. 상쇄 간섭이 일어나는 지점을 연결한 선을 마디선이라고 불러요. 상쇄 간섭이 일어나는 지점은 두 파원으로부터 경로 차가 반 파장, 한 파장 반, 두 파장 반…인 곳으로, 경로 차가 반파장의 홀수 배가 됩니다.

파동의 간섭에 대해 알게 된 대성이와 동이는 상쇄 간섭을 이용해 소음을 줄이는 방법에 대한 탐구 실험을 준비합니다. 스마트폰에 연결된 2개의 스피커를 2m 간격으로 설치하고 가운데 지점에 소음 측정기를 놓아요. 스마트폰의 진동수에 따른 소리를 발생시키는 애플리케이션으로 진동수 680Hz인 소리를 발생시켜요. 그리고 가운데 지점에서 점점 멀어지면서 소리가 크게 들리는 지점과 작게 들리는 지점을 찾아요.

소리의 속력을 340m/s라고 한다면, 진동수가 680Hz인 소리의 파장은 0.5m가 됩니다. 실험을 통해 소리의 반파장의 홀수배에 해당하는 지점에서 상쇄 간섭이 일어나는 걸 확인할 수 있었어요. 소음을 제거하기 위해서는 소음과 위상이 반대인 소리를 만들어서 상쇄 간섭이 일어나도록 만들면 가능하다는 걸 실험으로 알게 되었네요.

조종사용 소음 제거는 헤드셋의 마이크에 입력된 소음을, 회로를 통해 반대 위상으로 만든 후 헤드폰으로 내보내는 원리예요. 그러면 원래의 소음과 상쇄 간섭을 일으키면서 소음이 제거되겠죠?

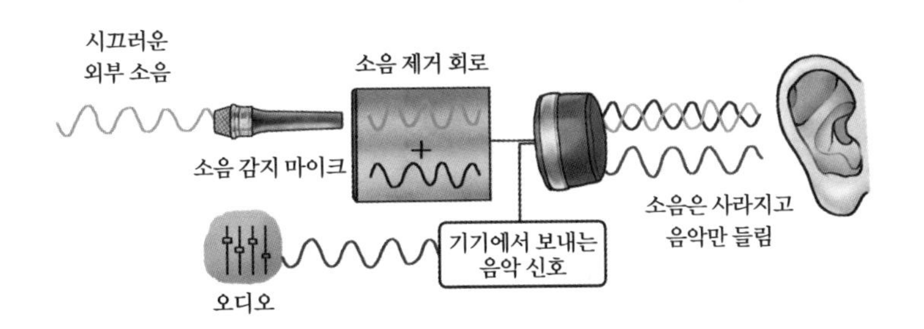

파동에 대해 공부하다 보니, 동이도 대성이도 자연스럽게 악기에 관심이 생겼어요. 어떤 악기를 배울까 고민하다가 비교적 쉽게 접할 수 있는 통기타를 선택해요. 통기타는 여섯 줄로 이루어진 현악기이며, 줄을 튕길 때 발생하는 진동이 통을 울리면서 주변으로 소리가 퍼지는 악기에요. 여섯 줄은 모두 굵기가 다른데, 가장 가는 줄이 1번이고 가장 굵은 줄이 6번이에요. 먼저 대성이가 가장 위쪽에 있는 굵은 6번 줄을 오른손으로 튕겨요.

대성이: 6번 줄을 튕기니까 낮은 미~ 음이 들리네~

동　이: 그럼 나는 5번 줄을 튕겨 볼까? 라~ 조금 높아진 라 음이 들려.

대성이: 나머지는 내가 다 튕겨 봐야지! 레~ 솔~ 시~ 미~ 음이 점점 높아지고 있어.

동　이: 그러게! 위쪽부터 차례대로 '미라레솔시미'가 되네. 줄이 가늘어질수록 진동하기가 쉬워지니까 1초 동안에 진동하는 횟수인 진동수가 증가하는구나. 그래서 음이 높아지는 거고. 맞지?

왼손은 아무것도 잡지 않은 상태에서 오른손만을 이용해 줄을 튕기는 것을 개방현이라 합니다. 통기타를 조율할 때는 일반적으로 미라레솔시미가 되도록 맞추는데, 어떤 방법으로 조율할까요? 기타 전용 조율기를 이용해 음을 맞춰줄 수 있고, 소리굽쇠를 이용해 6번 줄의 음을 맞추는 방법도 있어요. 6번 줄의 음을 맞추고 나면 진동수가 비슷한 소리가 간섭하면 소리가 주기적으로 커졌다 작아졌다 반복하는 맥놀이 현상을 이용해서 조율합니다.

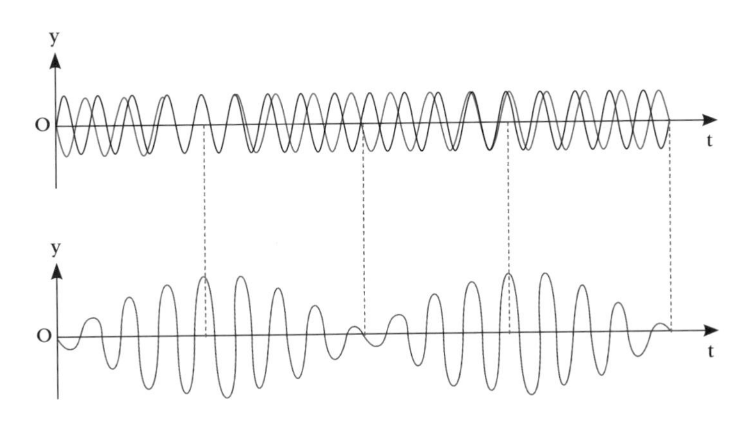

기타 6번 줄의 5번 플랫을 왼손으로 꾹 누른 후 튕긴 음과 5번 줄을 개방현으로 튕긴 두 음을 발생시켰을 때 맥놀이 현상이 나타나면 음이 일치하지 않은 것입니다. 줄을 조이거나 풀면서 음을 조절하면, 맥놀이 현상의 주기가 점점 길어지다가 사라져요. 이때 바로 두 줄의 음이 일치하게 되는 것이죠. 오케스트라 단원들은 연주를 시작하기 전에 오보에가 내는 소리와 자신의 악기에서 나는 소리의 맥놀이를 들으며 조율합니다.

레이저 빛을 이중 슬릿에 통과시키면 스크린에는 밝고 어두운 간섭무늬가 나타납니다. 같은 위상의 빛이 만나서 보강 간섭이 일어나면 밝고, 반대 위상의 빛이 만나서 상쇄 간섭이 일어나면 어두워요.

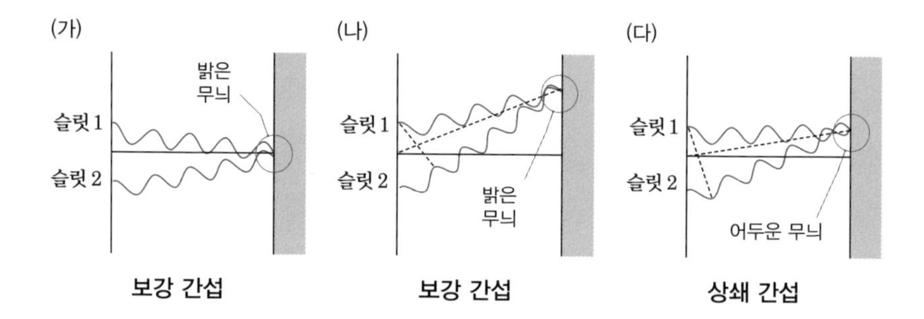

빛의 간섭 현상은 기름막, 비눗방울과 같은 얇은 막이나 새의 깃털의 틈새 등에서 쉽게 볼 수 있어요. 단색광을 얇은 막에 비추면 막의 윗면에 반사한 빛과 아랫면에 반사한 빛이 간섭 현상을 일으켜 밝고 어두운 간섭무늬가 나타납니다. 막의 두께를 조절하면서 빛의 간섭 현상을 이용하면 무반사 코팅 렌즈도 만들어서 선명한 시야를 얻을 수 있어요.

Point 잡기

• **파동의 굴절**

파동의 속력이 빠른 매질에서 느린 매질로 진행할 때는 법선에 가까워지는 방향으로 굴절하기 때문에 굴절각이 입사각보다 작아요. 느린 매질에서 빠른 매질로 진행할 때는 법선에서 멀어지는 방향으로 굴절하기 때문에 굴절각이 입사각보다 커요.

• **전반사**

빛의 속력이 느린 매질에서 빠른 매질로 진행할 때 굴절 현상이 없이 모두 반사되는 현상이에요. 굴절각이 90°가 될 때의 입사각을 임계각이라고 해요. 빛을 임계각보다 크게 입사시키면 전반사 현상이 일어나요.

• **전자기파**

전기장과 자기장이 진행 방향과 수직으로 진동하는 횡파이고, 매질이 없어도 진행할 수 있어요. 전자기파는 진공에서 파장에 관계없이 약 30만 km/s의 속력을 가져요. 빛의 속력은 진동수와 파장의 곱으로 나타낼 수 있어요.

$$c = f\lambda$$

• **파동의 독립성**

같은 방향으로 진동하는 두 파동이 중첩되면 진폭이 커지고, 반대 방향으로 진동하는 두 파동이 중첩되면 진폭이 작아지는 것을 중첩 원리라고 해요. 파동이 중첩되어도 서로 영향을 주지 않고 중첩되기 전과 같은 파형을 유지하면서 원래 방향으로 계속 진행하는 파동의 독립성을 가지고 있어요.

• **파동의 간섭**

두 개 이상의 파동이 중첩되어서 진폭이 변하는 현상이에요. 두 파동의 위상이 같아서 진폭이 커지는 것을 보강 간섭, 두 파동의 위상이 반대라서 진폭이 작아지는 것을 상쇄 간섭이라고 해요.

빛과 물질의 이중성

빛의 간섭 현상이 밝혀지면서 빛이 파동이라는 근거가 힘을 얻기 시작해요. 1867년 맥스웰은 전기와 자기가 밀접하게 관련된 것에 대해 수식적으로 정리합니다. 전기와 자기 사이의 상호작용으로 파장이 발생되고 이것이 멀리 전파된다는 것을 알아내죠.

실제 전자기력은 파동의 형태로 전파되며, 진공에서 전자기파의 속도를 계산한 결과 빛의 속도와 같다는 걸 확인해요. 따라서 빛을 전자기파의 한 형태라고 결론 내려요. 그런데 이걸로 끝이 아니라 어디선가 빛의 입자론이 다시 등장하기 시작합니다.

1887년 헤르츠가 빛이 금속 표면에 충돌할 때 전자가 방출되는 현상을 우연히 발견하는데, 이것을 광전 효과라고 해요. 1905년 아인슈타인이 빛 입자를 광자라고 부르는 광양자설을 바탕으로 광전 효과를 설명합니다.

과연 빛은 파동일까요? 입자일까요? 우리가 입자라고 생각하는 건 입자가 맞을까요? 혹시 입자가 파동의 성질을 가지고 있지 않을까요? 이제부터 함께 알아보기로 해요.

1

빛은 파동이에요? 입자예요?

기타를 다루며 감성에 젖은 동이와 대성이는 자연을 즐기고 싶은 마음이 생겨 2박 3일 동안의 캠핑을 계획합니다. 제대로 된 자연에서의 캠핑을 즐기기 위해 텐트를 기본으로 한 다양한 캠핑 용품들을 모두 가져가요.

그런데 들뜬 마음으로 준비물을 챙기던 중 한 가지 문제점을 발견했어요. 2박 3일 동안 스마트폰은 어떻게 사용해야 할까요? 그리고 밤에 조명은 어떻게 켜야 하나요?

캠핑에 대해 조금 더 알아보니, 캠핑 용품 중에 전기를 만드는 장치가 있네요. 바로 태양 전지입니다. 태양광으로부터 전기를 생산하는 태양 전지 소자는, 광다이오드인 반도체의 p-n 접합 부위에 빛을 비출 때 빛 에너지가 전기 에너지로 전환되는 전지를 말해요.

광다이오드와 태양 전지의 원리가 궁금해진 동이와 대성이는 캠핑을 즐기며 차근차근 알아보기로 했어요. 광다이오드의 구조를 살펴보면 앞에서 공부했던 P형 반도체와 n형 반도체로 구성된 LED와 구조가 비슷합니다.

광다이오드에 태양광을 비추었더니 전자가 이동하는 전류가 발생했는데, 금속에 빛을 비추면 전자가 튀어나오는 현상을 **광전 효과**라고 해요. LED 조명에도 태양광을 비추면 전자가 튀어나오면서 전류가 발생하는 현상을 볼 수 있어요.

대성이: 금속에 빛을 쪼이면 어떤 금속이고 어떤 빛이든 모두 전자가 튀어나올까? 우리 같이 실험해 보자. 그림을 따라서 실험을 준비하고 전원 장치를 켜지 않은 상태에서 단색광을 비추면 어떻게 될까?

동 이: 글쎄~ 단색광의 종류를 적외선, 가시광선, 자외선 순서대로 바꾸어 비추면서 전류계의 눈금 변화를 살펴보면 될 거야. 시작해 볼까!

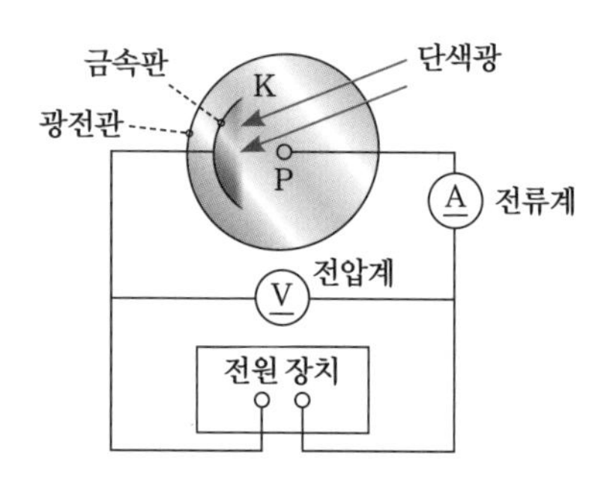

대성이: 적외선 빛을 금속에 비췄는데 전류계의 눈금에는 변화가 없네. 빨간색도, 주황색도, 노란색도, 초록색도 변화가 없어.

동 이: 어? 근데 파란색 빛을 비추니까 전류계의 눈금이 움직여!! 남색도 보라색도 전류가 흘렀어. 빨주노초는 전류가 흐르지 않고 파남보는 전류가 흐르는 이유가 뭘까?

대성이: 빨주노초에 비해서 파남보의 진동수가 큰 것과 관계가 있을까?

동 이: 그렇네~ 진동수가 어느 정도 이상이어야 광전 효과가 발생하나 봐.

대성이: 그럼 이번에는 금속판의 종류를 바꿔서 실험해 볼까? 금속판 2로 다시 실험해 보니 이번에는 파남보에서도 전류가 흐르지 않아.

동 이: 그러게. 자외선을 비출 때만 전류가 흐르네. 가시광선의 세기를 아무리 증가시켜도 광전 효과는 일어나지 않는가 봐.

과학자들은 광전 효과에 대해 실험해 본 결과, 다음과 같은 특징이 있다는 것을 알게 되었어요.

첫째, 광전자는 빛의 진동수가 특정한 값 이상일 때만 방출되며, 그보다 작을 때는 아무리 센 빛을 비추어도 방출되지 않는다.

둘째, 금속에서 방출된 전자의 운동 에너지는 빛의 진동수에 관계되며, 빛의 세기와는 무관하다.

셋째, 빛의 세기가 약할 때도 특정한 진동수 이상의 빛이라면 즉시 광전자가 방출된다.

빛을 파동으로 설명할 때는 빛의 세기가 커지면 빛 에너지도 커지는 거예요. 따라서 강한 빛을 비추면 전자를 쉽게 방출시킬 수 있어야 해요. 하지만 광전 효과의 결과는 빛의 세기와 무관하기 때문에 빛의 파동 이론과 맞지 않아요.

많은 과학자들이 이 문제로 고민하고 있을 때 이를 해결한 사람은 바로, 물리학에서 가장 유명한 과학자인 아인슈타인입니다. 아인슈타인은 '빛은 연속적인 파동의 흐름이 아니라 불연속적인 입자인 광자의 흐름이며, 광자 1개가 가지는 에너지는 진동수에 비례한다'는 광양자설을 제안해요. 진동수가 f일 때 광자의 에너지 E이고, h가 플랑크 상수일 때의 관계는 다음과 같아요.

$$E = hf$$

물질의 기본 입자에 대해서 공부할 때 전자를 에너지가 높은 상태인 바깥으로 나오게 하려면 에너지를 공급해 주어야 한다는 걸 떠올려 봅시다. 빛을 비추었을 때 에너지를 공급하는 것은 광대성이고, 광자 1개의 에너지는 진동수에 비례해요. 그리고 전자를 금속 표면 밖으로 튀어나오게 할 때 필요한 최소한의 에너지를 일함수 W라고 합니다.

일함수는 금속의 종류에 따라 다르고, 금속에서 전자를 떼어 내기 위한 최소한의 진동수를 문턱 진동수라 해요. 즉, 광전 효과가 일어나기 위해서는 단색광의 진동수가 금속의 문턱 진동수보다는 커야만 해요.

일함수

$$W = hf_0$$

(f_0: 문턱 진동수)

광전자가 튀어나오면 전자는 질량을 가지고 있으니까 운동 에너지를 가진 것과 같아요. 그럼 단색광의 에너지가 클수록 튀어나오는 광전자의 운동 에너지도 커지겠죠. 광전자의 운동 에너지는 단색광의 에너지에서 금속의 일함수를 뺀 값과 같습니다.

광전자의 최대 운동 에너지

$$mv^2 / 2 = hf - W = h(f - f_0)$$

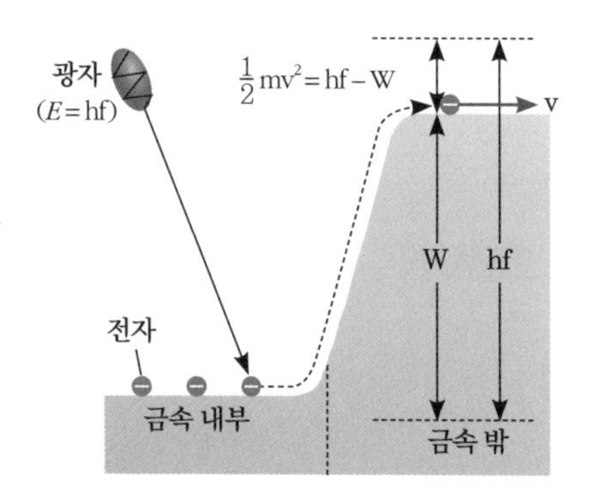

대성이: 첫 번째 실험에서 금속판에 빨주노초의 단색광을 오랫동안 비추고 있으면 에너지가 쌓이니까, 혹시 전류가 흐르지 않을까? 궁금한 점이 생겼으니 바로 실험을 해봐야지~ 어? 이런. 예상이 틀렸네. 아무리 오랫동안 비추고 있어도 절대로 전류가 흐르지 않아.

동　이: 파남보는 비추는 즉시 광전자가 방출되는데 말이야. 광전자가 방출되는 데 빛을 비추는 시간은 관계가 없네.

대성이: 파남보를 더 밝게 비추었더니 전류가 더 많이 흐르는 걸 확인할 수 있어. 그러면 빛의 세기가 강할수록 광전류도 커지게 되는 건가 봐.

광양자설에서 빛의 세기는 광자 수의 많고 적음과 관계있어요. 빛의 세기가 강하면 금속에 도달하는 광자의 수가 많고, 전자와 충돌할 기회도 많아집니다. 하지만 문턱 진동수보다 작은 진동수의 빛은 아무리 강하게 오랫동안 비추어도 광전자는 방출되지 않아요. 만약 문턱 진동수보다 큰 진동수를 갖는 빛이라면 세기에 관계없이 비추는 즉시 광전자가 방출돼요.

광전 효과는 아인슈타인에게 노벨상을 안겨준 논문에 발표된 것이고, 물리학에서 중요한 의미가 있어요. 빛이 파동이라는 여러 가지 증거가 나오던 시기에 광전 효과가 발표되면서 빛의 입자설을 다시 살려 냈거든요. 빛에 대해서 진동수에 비례하는 에너지를 가지고 있는 입자의 흐름으로 설명하지 않으면 광전 효과를 설명할 수가 없기 때문이에요.

빛의 본질을 이해하려면 어떤 경우는 파동처럼 행동하고, 어떤 경우는 입자처럼 행동하는 것을 받아들여야만 해요. 빛의 회절과 간섭 현상은 파동 이론으로만 설명할 수 있고, 광전 효과는 입자 이론으로만 설명할 수 있기 때문이죠. 빛이 파동과 입자의 두 가지 성질을 모두 가지고 있는 것을 빛의 **이중성**이라고 합니다. 그러나 한 실험에서 두 가지 성질이 동시에 나타나지는 않아요.

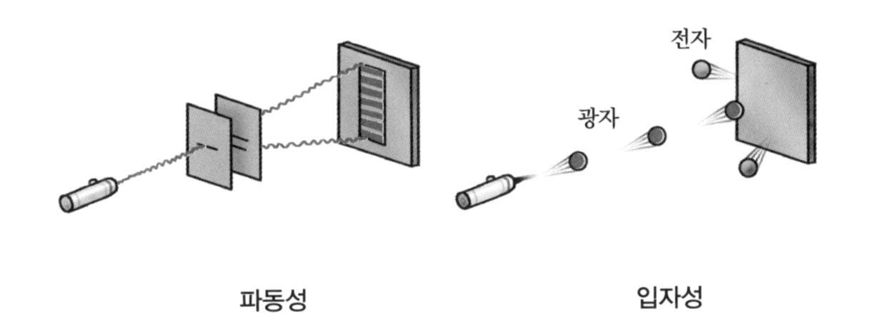

빛에 대해 흥미를 느낀 대성이와 동이는, 이번엔 '본다'는 것에 대해 탐구를 시작합니다.

대성이: 눈으로 무엇인가를 보기 위해서는 반드시 빛이 있어야 해. 빛이 각막과 수정체를 통과해서 망막에 닿으면 원뿔 세포와 막대 세포가 반응하지. 거기에서 전기 신호가 발생하고 시신경을 통해서 대뇌로 전달된다고 생명과학에서 배웠어.

동　이: 원뿔 세포는 색을 구분하는 시각 세포이고, 빨간색, 초록색, 파란색 빛에 강하게 반응하는 세 종류가 있어. 막대 세포는 밝기에 반응해서 명암을 구분해.

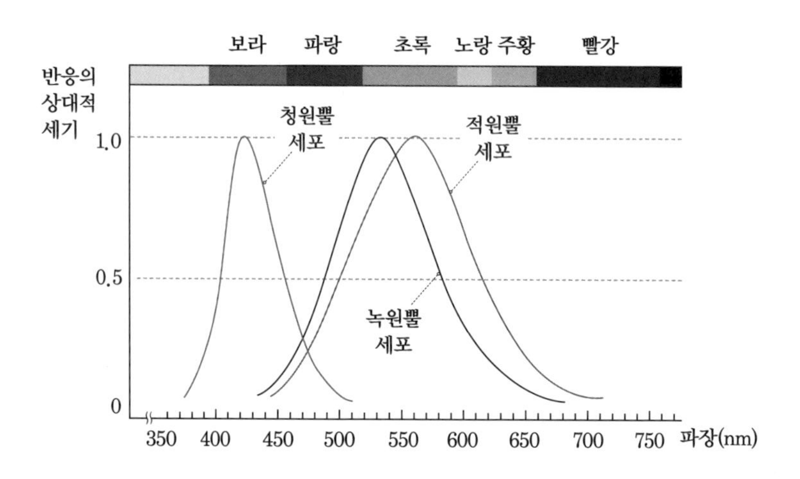

대성이: 색을 인식하는 건 세 종류의 원뿔 세포가 반응하는 정도에 따

라 각기 다른 색으로 인식하는 거야. 그래서 빛의 가장 기본이 되는 색은 빨강(R), 초록(G), 파랑(B) 세 종류고, 빛의 3원색이라고 해.

동　이: 맞아. 이 빛을 적절하게 합성하면 다양한 색을 표현할 수 있어. 먼저 빛의 3원색을 합성하면 노랑(Y), 청록(C), 자홍(M), 흰색(W)을 표현할 수 있겠지. 윈도우에 기본적으로 설치되어 있는 그림판을 이용하면 쉽게 확인할 수 있어.

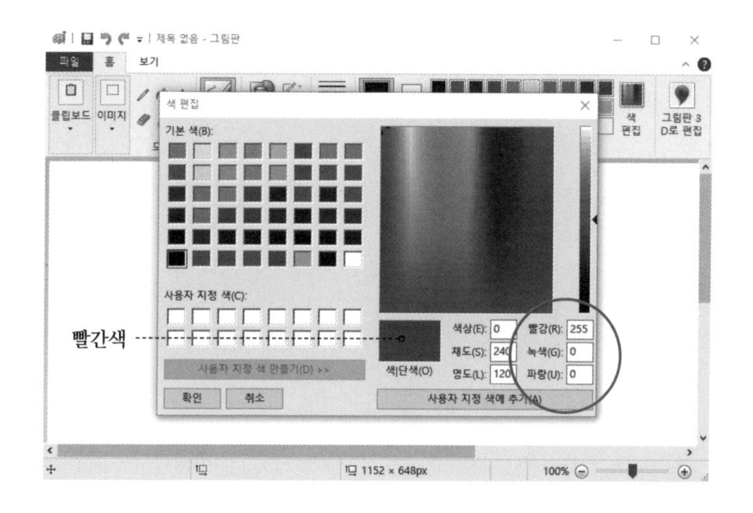

동　이: 그림판에서 색 편집을 클릭하면 창이 뜨지? 거기서 가장 오른쪽에 빨강(R), 초록(G), 파랑(B)이 보이고 값을 입력하는 칸이 있을 거야. 빨강에 255, 초록과 파랑에 0을 입력하면 빨간색이 표현되는 걸 알 수 있어. 초록과 파랑을 표현할 때는 어떻게 하

면 되는지 알 수 있겠지?

대성이: 빛을 합성해 보자. 빨강과 녹색 값을 각각 255, 파랑은 0으로 입력하면 노란색이 표현되네! 이 값을 조절하는 방식이 우리 눈에 있는 원뿔 세포를 자극하는 정도와 유사할 것 같아.

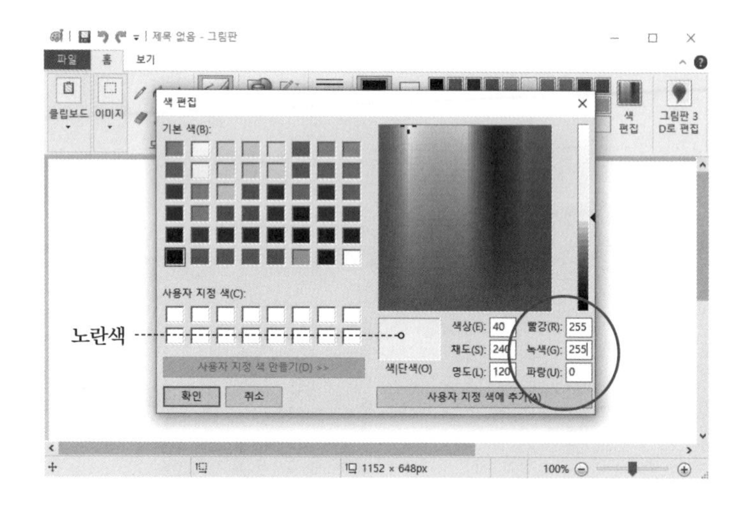

동 이: 노랑을 표현할 때는 두 가지 방식이 가능해. 첫 번째는 노란 빛의 파장을 내보내는 거고, 두 번째는 빨강과 녹색 빛을 동시에 내보내는 거야. 그럼 우리 눈이 노란색이라고 인식하거든.

대성이: 컴퓨터 윈도우 프로그램에 있는 그림판에서 색을 표현하는데 RGB를 사용하는 이유가 있어. 컴퓨터의 모니터와 같은 영상 장치는 기본적으로 화소(pixel)로 구성되는데, R, G, B의 세 가지 색만을 내도록 구성되어 있지. 즉, RGB의 상대적인 세기를

조절해야 다양한 색을 표현할 수 있다는 거야.

동 이: R과 G의 밝기를 2:1로 하면 주황색을 표현할 수 있어. 친구들과 정확한 색을 공유하고 싶을 때 RGB의 값을 알려 주면 아주 정확하겠네~

캠핑을 떠난 대성이와 동이는 아름다운 자연 경관에 감탄하며 행복감을 느껴요. 이토록 아름다운 풍경을 볼 수 있다는 것만으로도 큰 복을 받았다고 생각하며 디지털카메라를 이용해 사진을 찍으며 행복한 순간을 남깁니다. 디카에는 CCD(Charge-Couple Device)라고 하는 센서가 우리 눈의 망막과 같은 역할을 해요. 렌즈를 통과해 들어온 빛을 전기 신호로 바꾸는 거죠.

낮에 자연 경관을 볼 수 있는 것은 바로 태양이 있기 때문이에요. 밤이 되어 어두워지는데 달도 없고 조명도 없다면 눈으로 들어오는 빛도 없기 때문에 아무것도 볼 수 없어요. 선팅이 진하게 된 자동차 유리창을 바깥에서 보면 내부가 거의 보이지 않아요. 하지만 운전하는 사람은 바깥이 잘 보이기 때문에 안전하게 운전할 수 있어요. 안에서는 잘 보이는 이유는, 선팅 필름을 통과하는 빛의 비율은 같지만 자동차 안쪽과 바깥쪽에서 발생하는 빛의 양이 다르기 때문이에요.

CCD는 광센서라고 하는 수많은 광 다이오드가 배열되어 있어요. 광 다이오드는 광전 효과에 의해 작동되기 때문에 밝은 곳에서는 촬영 시간이 짧고, 어두운 곳에서는 촬영 시간이 길어져서 흔들리는 사진이 찍히는 경우가 많아요.

광 다이오드는 빛의 세기만을 측정할 수 있기에, 컬러 영상을 기록하기 위해서는 RGB 필터를 사용합니다. 렌즈를 통과한 빛이 컬러 필터를 통과하면서 세 가지 색으로 분리된 후 광 다이오드에서 전기적 신호로 바뀌어요.

2

물질도 이중적인 태도를 보이나요?

캠핑을 즐기며 빛의 이중성에 대해 알게 된 동이와 대성이는 휴식을 취할 겸 글러브와 야구공을 준비해 캐치볼을 시작해요. 대성이가 힘껏 던진 공을 동이가 받을 때 충격량을 생각하며 글러브를 뒤로 빼면서 멋지게 받아냅니다. 땀이 날 정도로 공을 던지고 받던 대성이와 동이는 한 가지 의문이 생깁니다. '파동이라고 생각한 빛이 입자성을 가지고 있다면 반대로 입자도 파동성을 가지지 않을까?'

1924년 드브로이는 입자도 파동의 성질을 가질 수 있다고 생각하며 입자의 파동을 물질파라 하고, 이때의 파장을 드브로이 파장이라고 제안합니다. 입자의 질량 m, 속력 v일 때 물질파 파장 λ는 다음과 같아요.

$$\lambda = h / mv$$

대성이가 던진 공의 물질파 파장을 계산해 볼게요. 플랑크 상수 h = 6.63×10^{-34}J · s의 값을 가져요. 질량이 140g인 공이 40m/s의 속력으로 날아가고 있을 때 물질파 파장은 아래와 같아요.

$$\frac{6.63 \times 10^{-34}}{0.14 \times 40} = 3.71 \times 10^{-33}$$

질량 9.1×10^{-31}kg인 전자가 가속되어 속력이 6×10^{6}m/s가 되었을 때 물질파의 파장은 아래와 같습니다.

$$\frac{6.63 \times 10^{-34}}{9.1 \times 10^{-31} \times 6 \times 10^{6}} = 1.03 \times 10^{-10}$$

이처럼 공의 물질파 파장은 매우 짧아서 측정이 불가능하지만, 전자의 물질파 파장은 원자의 크기와 비슷하기 때문에 위와 같이 확인할 수 있어요.

드브로이가 물질파를 제안한 후, 데이비슨과 거머는 전자선을 니켈 결정에 입사시켜 회절 현상이 나타나는 실험에 성공합니다. 실험을 통해서 얻은 전자의 파장은 앞에서 계산한 물질파의 파장과 같아요.

같은 시기에 톰슨은 파장이 같은 전자선과 X선을 알루미늄박에 입사시켜 같은 회절 무늬를 얻으면 전자가 파동성을 가진다는 이론을 다시 확인시켜 줬어요.

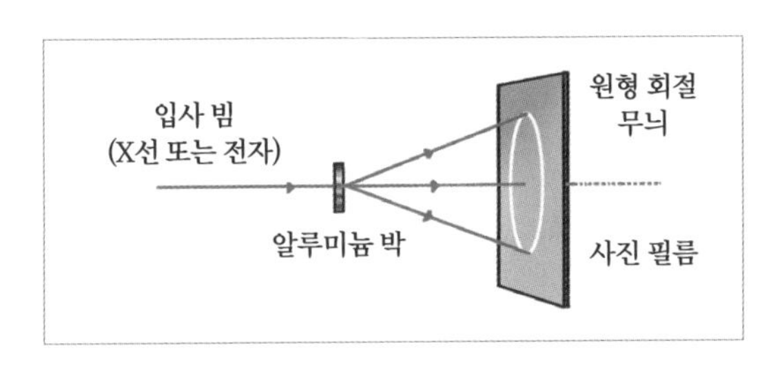

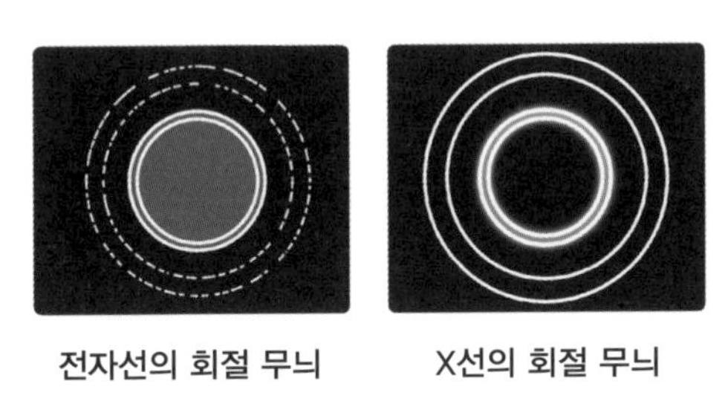

전자선의 회절 무늬   X선의 회절 무늬

전자의 회절 현상을 통해 전자가 파동의 성질을 가지고 있다는 것이 확인되고, 전자뿐 아니라 다른 입자에서도 같은 성질이 발견됩니다. 입자도 빛과 같이 파동과 입자의 두 가지 성질을 모두 가지고 있음을 의미하며, 이러한 현상을 물질의 이중성이라고 해요.

캐치볼을 마친 대성이와 동이는 잠시 쉴 겸 산책을 나갑니다. 구불구불 오솔길을 걸으며 대화하던 두 사람은 처음 보는 거미에게 시선이 고정되네요.

대성이: 이렇게 생긴 거미는 한 번도 본 적 없어.

동 이: 그러게. 좀 더 자세히 관찰해 볼까?

대성이: 가까이서 보니까 더 신기해!

동 이: 좀 더 자세하게 보고 싶은데 방법이 없을까?

대성이: 있어!! 마침 휴대용 현미경을 가지고 왔거든!

동 이: 우와~ 현미경으로 보니까 눈으로 보는 것과는 전혀 다른 게 보이는구나.

대성이: 그러게~ 현미경으로는 정말 작은 것까지 볼 수 있네. 얼마나 작은 크기까지 관찰할 수 있을까?

거미와 거미줄을 관찰하기 위해 대성이와 동이가 사용한 건 광학 현미경입니다. 가시광선을 이용하는 현미경으로, 학교에서 많이 사용해요. 하지만 매우 작은 물체를 관찰하는 데 한계가 있어요.

관찰하려는 물체의 크기가 가시광선의 파장만큼 작으면 상을 정확하게 관찰하기 힘들어요. 물체를 통과하는 빛의 회절 현상 때문에 가까운 두 지점에서 오는 빛을 구별할 수 없기 때문입니다. 이렇게 광학 현미경이나 다른 광학 기구로 구분할 수 있는 최소한의 거리를 분해능이라고 해요.

분해능은 파장의 절반 정도에 해당하기 때문에 광학 현미경은 가시광선 파장의 절반보다 작은 크기의 바이러스는 관찰할 수 없어요. 그래서 크기가 작은 바이러스를 관찰하기 위해서 사용한 것은 파장이 짧은 전자 현미경입니다. 전자의 물질파는 가시광선보다 수천 분의 일 정도가 짧기 때문에 분해능이 좋아서 바이러스를 관찰할 수 있어요.

광학 현미경의 최대 배율이 수천 배 정도라면, 전자 현미경은 수백만 배나 되지요. 광학 현미경을 만들 때 꼭 필요한 재료가 렌즈라면, 전자 현미경은 자기렌즈입니다. 자기렌즈는 코일을 이용해 원통형으로 만든 전자석이며, 전류가 흘러서 생긴 자기장에 의해 진행 경로를 휘어지게 만드는 성질을 이용해요.

Point 잡기

- **광전 효과**

금속 표면에 빛을 쪼일 때 전자들이 금속으로부터 방출되는 현상이에요. 이때 방출되는 전자를 광전자라고 해요. 광자들이 금속 내의 전자들과 일대일로 충돌해서 광전자가 즉시 방출되는 것으로 설명해요. 광자 1개가 가지는 에너지는 진동수에 비례하고, E = hf(h는 플랑크 상수)로 나타낼 수 있어요.

- **광전자의 최대 운동 에너지**

광자가 금속으로부터 전자를 떼어내는 데 필요한 최소한의 에너지를 일함수 W라고 해요. 광전자가 가지는 최대 운동 에너지 E_{max}는 광자의 에너지에서 일함수를 뺀 값과 같아요.

$$E_{max} = hf - W$$

• **빛의 세기**

광전자의 최대 운동 에너지는 빛의 진동수가 클수록 커요. 특정 진동수보다 큰 빛의 세기가 세면 광자와 전자의 충돌 기회가 많아져 광전자가 많이 튀어나와요.

• **빛의 이중성**

빛의 간섭과 회절 현상은 파동 이론으로 설명할 수 있고, 광전 효과는 입자 이론으로 설명할 수 있어요.

• **물질파**

운동하는 입자의 파동을 의미하며, 이때의 파장을 드브로이 파장 λ이라고 해요.

$$\lambda = h / mv$$

• **물질의 이중성**

전자의 회절 현상으로부터 입자인 전자가 파동의 성질을 가지고 있다는 것을 확인할 수 있어요. 입자도 파동과 입자의 두 가지 성질을 모두 가지고 있는 물질의 이중성이 있어요. 입자성과 파동성은 동시에 관측되지 않아요.

Quiz

01 다음 그림은 광섬유에서 단색광이 공기와 코어의 경계면에서 각 i로 입사하여 코어 내에서 전반사하며 진행하는 것을 나타낸 것이다. 코어와 클래딩의 굴절률은 각각 n_1, n_2이며, 코어와 클래딩 사이에서 전반사가 일어나는 i의 최댓값은 i_m이다. n_2를 작게 하면 i_m은 작아질까, 커질까?

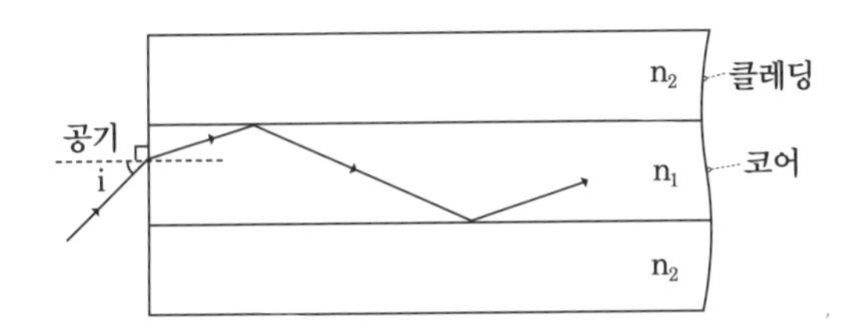

02 다음 그림은 광전 효과를 이용하여 빛을 검출하는 광전관을 나타낸 것이다. 금속판에 단색광 A를 비추었을 때 광전자가 방출되었다. 단색광 A의 진동수가 클수록 달라지는 것은 무엇일까?

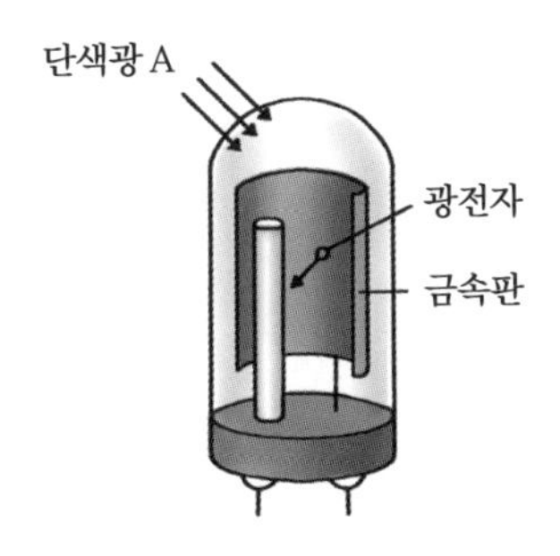

• 정답 및 해설 •

1. n_2를 작게 하면 굴절률의 차이가 커져서 더 작은 입사각에서도 전반사가 일어날 수 있다. 임계각이 작아지면 공기에서 코어로 진행할 때 굴절각이 커지므로 입사각 또한 커진다. 즉, i_m은 커진다.

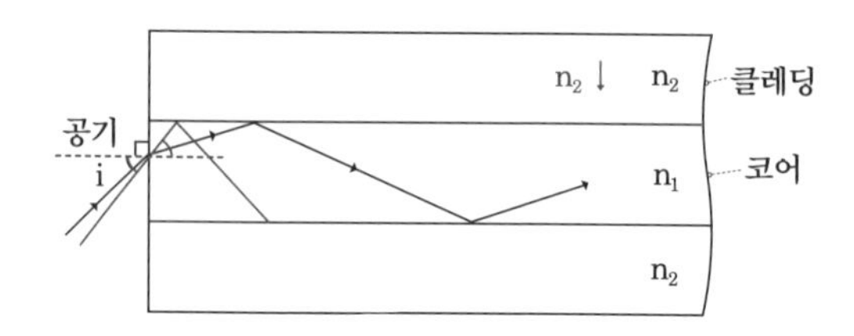

2. 광전자의 운동 에너지는 광자의 에너지에서 일함수를 뺀 값인 $E_k = hf - W$이다. 금속판은 그대로여서 일함수는 변하지 않고, A의 진동수를 증가시키면 광자의 에너지가 증가한다. 따라서 방출되는 광전자의 운동 에너지는 증가한다.

한 번만 읽으면 확 잡히는
고등 물리

2021년 8월 10일 1판 1쇄
2023년 12월 1일 1판 2쇄 펴냄

지은이 유화수
펴낸이 김철종

펴낸곳 (주)한언
등록번호 1983년 9월 30일 제1-128호
주소 서울시 종로구 삼일대로 453(경운동) 2층
전화번호 02)701-6911 **팩스번호** 02)701-4449
전자우편 haneon@haneon.com

ISBN 978-89-5596-912-2 44400
ISBN 978-89-5596-904-7 세트

한언의 사명선언문

Since 3rd day of January, 1998

Our Mission – 우리는 새로운 지식을 창출, 전파하여 전 인류가 이를 공유케 함으로써 인류 문화의 발전과 행복에 이바지한다.

– 우리는 끊임없이 학습하는 조직으로서 자신과 조직의 발전을 위해 쉼 없이 노력하며, 궁극적으로는 세계적 콘텐츠 그룹을 지향한다.

– 우리는 정신적·물질적으로 최고 수준의 복지를 실현하기 위해 노력하며, 명실공히 초일류 사원들의 집합체로서 부끄럼 없이 행동한다.

Our Vision 한언은 콘텐츠 기업의 선도적 성공 모델이 된다.

저희 한언인들은 위와 같은 사명을 항상 가슴속에 간직하고
좋은 책을 만들기 위해 최선을 다하고 있습니다.
독자 여러분의 아낌없는 충고와 격려를 부탁드립니다.
• 한언 가족 •

HanEon's Mission statement

Our Mission – We create and broadcast new knowledge for the advancement and happiness of the whole human race.

– We do our best to improve ourselves and the organization, with the ultimate goal of striving to be the best content group in the world.

– We try to realize the highest quality of welfare system in both mental and physical ways and we behave in a manner that reflects our mission as proud members of HanEon Community.

Our Vision HanEon will be the leading Success Model of the content group.